Basel M. Al-Eideh

Wprowadzenie do łańcuchów Finite Markov

Basel M. Al-Eideh

Wprowadzenie do łańcuchów Finite Markov

Wydawnictwo Bezkresy Wiedzy

Imprint

Cover image: www.ingimage.com

This book is a translation from the original published under ISBN 978-613-9-47323-6.

Publisher:
Wydawnictwo Bezkresy Wiedzy
is a trademark of
Dodo Books Indian Ocean Ltd., member of the OmniScriptum S.R.L Publishing group
str. A.Russo 15, of. 61, Chisinau-2068, Republic of Moldova Europe
Printed at: see last page
ISBN: 978-620-0-54276-2

Drogi czytelniku,

książka, którą posiadasz, została pierwotnie wydana pod tytułem " Introduction to Finite Markov Chains", ISBN 978-613-9-47323-6.

Jego publikacja w języku polskim jest możliwa dzięki zastosowaniu najbardziej zaawansowanej sztucznej inteligencji dla języków.

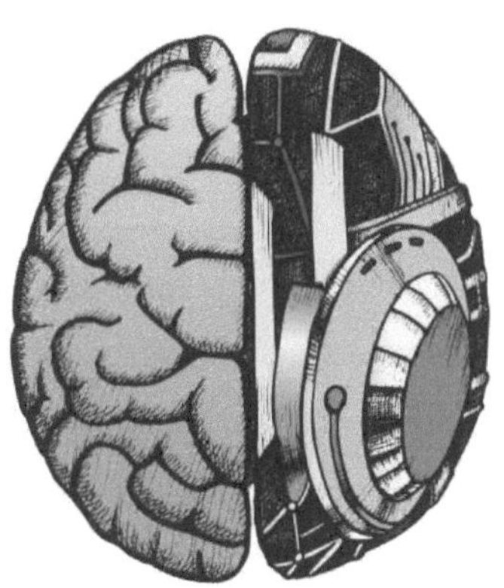

Technologia ta, uhonorowana pierwszą w historii Honorową Nagrodą Sztucznej Inteligencji w Berlinie we wrześniu 2019 r., naśladuje sposób działania ludzkiego mózgu, dzięki czemu jest w stanie uchwycić i przetłumaczyć nawet najmniejsze niuanse w bezprecedensowy sposób.

Mamy nadzieję, że znajdą Państwo wiele satysfakcji z tej książki i uprzejmie prosimy o uwzględnienie wszelkich rozbieżności językowych, które mogłyby wyniknąć z tego procesu.

Miłego czytania!

Wydawnictwo Bezkresy Wiedzy

Przedmowa

Celem tej książki jest przybliżenie czytelnikowi i rozwinięcie jego wiedzy na temat specyficznego typu procesów Markova zwanych łańcuchami Markova i są one definiowane jako procesy losowe, które znajdują się w serii przejść pomiędzy pewnymi wartościami zwanymi stanami. Jedną z jego cech jest to, że prawo prawdopodobieństwa formy przyszłego procesu zależy tylko od stanu, a nie od tego, jak proces ten osiągnie ten stan.

Książka ta przedstawia skończone łańcuchy Markowa, w którym przestrzeń stanu skończona, począwszy od przedstawienia czytelnikom skończonych łańcuchów Markowa i sposobu obliczania ich prawdopodobieństwa przejścia, a także matryc prawdopodobieństwa przejścia i graficznej reprezentacji przejścia. Klasyfikację tych łańcuchów Markova uzyskuje się poprzez klasyfikowanie przestrzeni państwowej w tym procesie. Również temat absorpcji łańcuchów Markova i obliczania prawdopodobieństwa absorpcji został poruszony w odpowiedniej ustawie, jak również poprzez zastosowanie matryc przejściowych. Oprócz tematu stacjonarności w łańcuchach Markova, gdzie badano rozkład stacjonarny i ogólną charakterystykę tych rozkładów, a także badania nowego typu, tzw. rozkładów quasi-stacjonarnych w absorbujących łańcuchach Markova.

Ponadto, książka ta kończy się przedstawieniem niektórych aplikacji na temat łańcuchów Markova, które pojawiają się w życiu praktycznym, takich jak łańcuchy dwustanowe, mobilność społeczna, łańcuchy narodzin i śmierci, losowe spacery obu typów, pozytywne powtarzające się losowe spacery i utraty hazardzisty, rozgałęzienia łańcuchów, a także łańcuchy kolejkowe. Zastosowania te zostały zilustrowane przykładami.

Dlatego też uważa się, że rozdziały tej książki są łatwe i płynne w dostosowaniu do poziomu uczniów i zainteresowanych tematem łańcuchów stochastycznych i służą im jako odniesienie do natury, znaczenia i zastosowań tych łańcuchów.

Wreszcie, książka ta będzie bardzo użytecznym punktem odniesienia lub tekstem dla studiów licencjackich na temat skończonych łańcuchów Markova, jak również dla badaczy w dziedzinie statystyki, procesów stochastycznych, modelowania stochastycznego i badań operacyjnych i we wszystkich powiązanych obszarach.

Podziękowania

Autor pragnie wyrazić szczere podziękowania i wdzięczność wszystkim braciom i współpracownikom z Uniwersytetu w Kuwejcie, którzy przyczynili się do powstania tej książki.

Spis treści

Rozdział 1

Wprowadzenie

Praktyczne życie zawiera wiele systemów i zjawisk naturalnych, które zmieniają się w zależności od czasu. Przykładem tych zjawisk jest proces pomiarowy, który ma miejsce w laboratorium meteorologicznym, które próbuje przewidzieć warunki pogodowe, system telefoniczny lub komunikacyjny, system zmiennych cen, fale mózgowe i inne zastosowania, które wszystkie zależą od czasu. Modele matematyczne opisujące te układy i zjawiska są definiowane jako *procesy stochastyczne*.

Teoria procesów stochastycznych jest dynamiczną częścią teorii prawdopodobieństwa, jest więc zależna od czasu i podlega prawom prawdopodobieństwa oraz wykorzystywana w każdej pracy dotyczącej probabilistycznej natury zjawisk i systemów, a także występuje w różnych naukach przyrodniczych i technicznych.

Procesy stochastyczne są definiowane zgodnie z teorią matematycznego prawdopodobieństwa jako zbiór zmiennych losowych $X(t); t \in T$ gdzie T jest nazywany *zestawem parametrów czasowych* procesu. Jeśli powiedziane $T = \{0,1,2,\ldots\}$ jest, że procesy stochastyczne są *procesem z dyskretnym parametrem.* A jeśli mówi się $T = \{t \geq 0\}$, że procesy stochastyczne mają charakter *ciągłego procesu parametrycznego.* Jeśli wszystkie zmienne losowe $X(t)$ przyjmują wartości ze stałego zestawu S, wówczas S jest to nazywane *przestrzenią stanu* procesu.

Niektóre procesy stochastyczne mają tę właściwość, że jeśli otrzymamy stan obecny procesu, to stan przeszły nie wpływa na warunkowe prawdopodobieństwa przyszłych zdarzeń. Tak więc procesy pod tą nieruchomością nazywane są *procesami Markova.*

Istnieje pewien rodzaj procesów Markova zwanych *łańcuchami Markova* i są one definiowane jako procesy stochastyczne, które podlegają szeregowi przejść pomiędzy pewnymi wartościami zwanymi *stanami.* Jedną z właściwości tego typu jest to, że prawo prawdopodobieństwa przyszłej formy procesu zależy tylko od stanu, a nie od tego, jak proces ten osiągnie ten stan. Książka ta będzie więc dotyczyła skończonych łańcuchów Markowa, w których jego przestrzeń państwowa jest skończona. Dlatego też, rozdziały tej książki są łatwe i płynne w dostosowaniu do poziomu uczniów i zainteresowanych tematem łańcuchów stochastycznych i służą im jako odniesienie do poznania ich natury oraz znaczenia i zastosowań tych łańcuchów. Książka została podzielona na pięć rozdziałów w następujący sposób:

W rozdziale 2 przedstawiono czytelnikowi skończone łańcuchy Markowa oraz sposób obliczania funkcji ich prawdopodobieństwa przejścia, a także matryce prawdopodobieństwa przejścia i graficzną reprezentację przejścia.

W rozdziale 3 te łańcuchy Markowa zostały sklasyfikowane poprzez sklasyfikowanie przestrzeni państwowej w procesie.

W rozdziale 4 temat łańcuchów absorbujących Markova i sposobu obliczania prawdopodobieństwa absorpcji został omówiony przez ich specyficzne prawo tego tematu oraz przez zastosowanie matryc przejściowych.

Ponadto rozdział 5 dotyczył kwestii stacjonarności w sieciach Markova. W szczególności badano rozkłady stacjonarne i ogólną charakterystykę tych rozkładów oraz badano nowy typ, tzw. rozkłady quasi-stacjonarne w łańcuchach absorbujących Markowa.

Wreszcie, w rozdziale 6, niektóre wnioski zostały przedstawione na temat łańcuchów Markov, które pojawiają się w życiu praktycznym, takich jak dwupaństwowe łańcuchy Markov, mobilność społeczna, łańcuchy narodzin i śmierci, losowe spacery typów: pozytywne powtarzające się losowe waik chód i problem utraty hazardzisty, rozgałęzienia łańcuchów i łańcuchy kolejki. Zastosowania te zostały zilustrowane przykładami.

W całej książce wektory kolumn będą reprezentowane przez litery, które będą oznaczać $\vec{x}, \vec{y}, \vec{u}$ etc. $\vec{x}', \vec{y}', \vec{u}'$ odpowiednie wektory wierszy. $\vec{e}$ będą za każdym razem oznaczać wektory kolumn, przy czym każdy ze składników będzie równy 1. Macierze będą oznaczane dużymi literami A, B, Q etc,, a po pewnym czasie w formie, w której będą $[a_{ij}]$ oznaczać a_{ij} wpis. $(ij) - th$

Podsumowując, książka ta przedstawia również najważniejsze i najprostsze, najbardziej dokładne, wyczerpujące i zrozumiałe tematy w rozumieniu studentów i osób zainteresowanych tą dziedziną, aby ułatwić im korzystanie z nich.

Rozdział 2

Łańcuchy Markowa

2-1 Koncepcja łańcuchów Markova

Wyobraźmy sobie system, który ma skończoną liczbę stanów. Załóżmy, że reprezentują one S zbiór tych stanów, czyli S tzw. *przestrzeń stanu* systemu. Obserwujmy teraz system w dyskretnych odstępach czasu $n = 0,1,2,\ldots$. Jeśli przyjmiemy, że X_n reprezentuje on stan systemu w czasie n, to $\{X_n\}$; $n = 0,1,2,\ldots$ jest serią zmiennych losowych zdefiniowanych na wspólnej przestrzeni probabilistycznej. Niektóre systemy mają następującą właściwość:

"Jeśli dany stan jest określony w teraźniejszości, to poprzednie stany systemu nie mają żadnego wpływu na system w przyszłości".

Ta własność nazywa się *własnością Markoviana*, więc systemy, które posiadają tę własność nazywają się *łańcuchami Markova*.

Właściwość Markoviana można zdefiniować za pomocą następujących symboli matematycznych:

$$P(X_{n+1} = i_{n+1} \mid X_0 = i_0, X_1 = i_1, \cdots, X_n = i_n) = P(X_{n+1} = i_{n+1} \mid X_n = i_n) \quad (1)$$

dla wszystkich wartości i n wszystkie $i_0, i_1, \ldots, i_{n+1}$ są dostępne w S . Prawdopodobieństwa warunkowe są $p_{ij} = P(X_{n+1} = j \mid X_n = i)$ zatem nazywane *prawdopodobieństwami przejściowymi* łańcucha. W tej książce będziemy badać łańcuchy Markova, które mają stacjonarne prawdopodobieństwa przejścia i są p_{ij} niezależne od n. Od teraz, jeśli mówimy, że gdzie $\{X_n\}$tworzy $n = 0,1,2,\ldots$ łańcuch Markov, mamy na myśli, że seria zmiennych losowych, które osiągają właściwości Markovian ma stacjonarne prawdopodobieństwa przejścia.

Szczególne znaczenie mają kwestie stosowanej teorii prawdopodobieństwa, zwłaszcza chronologiczny rozwój zjawiska losowego lub naturalnego. Na przykład, jeśli mamy dwa pojemniki A i B , każdy z nich zawiera jedną białą kulę i jedną czarną, gdzie jedna kula jest wyciągana z każdego pojemnika i umieszczana w drugim. Zastanawiamy się teraz: jakie jest prawdopodobieństwo posiadania dwóch białych kul w pojemniku A po 100 krotnym powtórzeniu tych kroków? Więc teoria łańcucha Markova przyszła rozwiązać wiele z tych kwestii.

Teoria łańcuchów Markova ma wiele zastosowań w dziedzinie fizyki, socjologii, medycyny i innych różnych nauk. Badanie łańcuchów Markova jest szczególnie ważne z różnych powodów, ponieważ zawiera bogate teorie, z których wiele reprezentuje rozsądny poziom, jak również istnienie dużej liczby systemów, które pojawiają się w życiu praktycznym i są opisane przez łańcuchy Markova.

Dlatego w tej książce zbadamy, w jaki sposób łańcuchy Markova pojawiają się jako modele zjawisk naturalnych, a dokładniej zajmiemy się następującymi zagadnieniami:

(i) Chronologiczne zachowanie łańcuchów Markova poprzez znalezienie funkcji prawdopodobieństwa przejścia.

(ii) Długotrwałe zachowanie lub stan stacjonarny łańcuchów Markova.

2-2 Prawdopodobieństwa przejścia a Chapman-Równanie Kołmogorwa

W celu określenia prawa prawdopodobieństwa dla Łańcucha Markowa $\{X_n\}$, bezwarunkowe prawdopodobieństwo we wszystkich czasach i $n \geq m \geq 0$ dwóch stanach i, j jest następujące:

$$\pi_{jn} = P(X_n = j)$$

A funkcja warunkowego prawdopodobieństwa

$$p_{ij}^{(m,n)} = P(X_n = j \mid X_m = i) \qquad (2)$$

Funkcja ta $p_{ij}^{(m,n)}$ jest nazywana *funkcją prawdopodobieństwa przejścia* łańcucha Markova. Prawdopodobieństwo łańcucha Markova niskie jest określone przez dwie poprzednie funkcje, jak to dla wszystkich liczb rzeczywistych i r dla każdego punktu w czasie punktów i $n_1 < n_2 < \cdots < n_r$ stwierdza, co następuje:

$$P\left(X_{n_1} = j_1, \cdots, X_{n_r} = j_r\right) = \pi_{j_1 n_1} p_{j_1 j_2}^{(n_1, n_2)} \dots p_{j_{r-1} j_r}^{(n_{r-1}, n_r)}$$

Mówi się, że łańcuch Markova jest *homogeniczny* lub ma *stacjonarne prawdopodobieństwo przejścia*, jeśli zależy tylko $n - m$ od różnicy, więc nazywamy go

$$p_{ij}^{(m)} = P\left(X_{n+m} = j \mid X_n = i\right)$$

dla każdej liczby całkowitej przez $n > 0$ *m-stopniowe przejście prawdopodobieństwo* homogenicznego Markova, który jest w $\{X_n\}$ stanie i i po krokach m staje się w stanie j. Poniżej piszemy *jednostopniowe prawdopodobieństwo przejścia*:

$$p_{ij} = P\left(X_{n+1} = j \mid X_n = i\right)$$

Podstawowa zależność, jaką może spełniać funkcja prawdopodobieństwa przejścia łańcucha Markova, nazywana jest *równaniem Chapmana-Kolmogorva,* które można zdefiniować w następujący sposób:

Za każdym razem $n > u > m \geq 0$ i za każde dwa stany w i, j tym czasie S :

$$p_{ij}^{(m,n)} = \sum_{k \in S} p_{ik}^{(m,u)} \cdot p_{kj}^{(u,n)}$$

Musimy być świadomi, że istnieją *nie-markowskie procesy stochastyczne*, że ich prawdopodobieństwa przejścia spełniają równanie (2) i spełniają równania Chapmana-Kolmogorwa. Możemy zatem powiedzieć, że nie jest prawdą, że proces stochastyczny jest procesem Markowa, jeśli jego prawdopodobieństwa przejścia spełniają równanie Chapmana-Kolmogorwa, podczas gdy równania prawdopodobieństwa przejścia łańcucha Markowa spełniają równania Chapmana-Kolmogorwa.

2-3 Transition Probability Function oraz Dystrybucja początkowa

Przypuśćmy, że gdzieś $\{X_n\}$ reprezentuje $n = 0,1,2,\ldots$ łańcuch Markova z przestrzenią S państwową . Następnie funkcja p_{ij} dla wszystkich, która $i, j \in S$ jest zdefiniowana w następujący sposób:

$$p_{ij} = P(X_{n+1} = j \mid X_n = i) \; ; \; i, j \in S \quad (3)$$

nazywana jest funkcją prawdopodobieństwa przejścia dla łańcucha Markova, jeśli spełnia następujące warunki:

(i) $p_{ij} \geq 0$ dla wszystkich $i, j \in S$

(ii) $\sum_{j \in S} p_{ij} = 1$ dla wszystkich $i \in S$

i używając posesji Markoviana, zauważamy to:

$$p_{ij} = P(X_{n+1} = j \mid X_0 = i_0, \cdots, X_{n-1} = i_{n-1}, X_n = i)$$

Innymi słowy, jeśli łańcuch Markova jest w stanie i w czasie n , to prawdopodobieństwo stania się w stanie jest j p_{ij} , i z tego powodu, prawdopodobieństwo przejścia są p_{ij} nazywane *jednoetapowym prawdopodobieństwem przejścia.*

My też nazywamy tę funkcję:

$$p_{ij}^{(m)} = P(X_{n+m} = j \mid X_n = i) \tag{4}$$

prawdopodobieństwa przejścia na m-step.

Zdefiniujmy teraz funkcję $i \in S$ w następujący π_{i0} sposób:

$$\pi_{i0} = P(X_0 = i) \; ; \; i \in S$$

i ta funkcja nazywała *wstępną dystrybucję* dla sieci Markov, jeśli spełnione są następujące warunki:

(i) $\pi_{i0} \geq 0$ dla wszystkich $i \in S$

(ii) $\sum_{i \in S} \pi_{i0} = 1$

Wspólny rozkład zmiennych losowych $X_0, X_1, \cdots, X_n$ można opisać za pomocą funkcji prawdopodobieństwa przejścia i rozkładu początkowego w następujący sposób:

Na przykład

$$P(X_0 = i_0, X_1 = i_1) = P(X_0 = i_0)P(X_1 = i_1 \mid X_0 = i_0) = \pi_{i_0 0} p_{i_0 i_1}$$

Też,

$$\begin{aligned} P(X_0 = i_0, X_1 = i_1, X_2 = i_2) &= P(X_0 = i_0, X_1 = i_1)P(X_2 = i_2 \mid X_0 = i_0, X_1 = i_1) \\ &= \pi_{i_0 0} p_{i_0 i_1} P(X_2 = i_2 \mid X_0 = i_0, X_1 = i_1) \end{aligned}$$

a ponieważ spełnia $\{X_n\}$markowską własność, jak również ma stacjonarne prawdopodobieństwo przejścia, obserwujemy to:

$$\begin{aligned} P(X_2 = i_2 \mid X_0 = i_0, X_1 = i_1) &= P(X_2 = i_2 \mid X_1 = i_1) \\ &= P(X_1 = i_1 \mid X_0 = i_0) \\ &= p_{i_1 i_2} \end{aligned}$$

następnie

$$P(X_0 = i_0, X_1 = i_1, X_2 = i_2) = \pi_{i_0 0} p_{i_0 i_1} p_{i_1 i_2}$$

i za pomocą indukcji matematycznej, otrzymujemy to:

$$P(X_0 = i_0, X_1 = i_1, \cdots, X_n = i_n) = \pi_{i_0 0} p_{i_0 i_1} p_{i_1 i_2} \cdots p_{i_{n-1} i_n} \quad (5)$$

dlatego też równanie (5) przedstawia wspólny rozkład zmiennych losowych $X_0, X_1, \cdots, X_n$.

Z definicji funkcji *m-step* transition

$$p_{ij}^{(m)} = P(X_{m+n} = j \mid X_n = i)$$

zauważamy również, że

$$p_{kj}^{(m)} = P(X_{m+n} = j \mid X_0 = i, X_n = k)$$

i od tego czasu:

$$
\begin{aligned}
p_{ij}^{(m+n)} &= P\left(X_{m+n} = j \mid X_0 = i\right) \\
&= \sum_{k \in S} P\left(X_n = k \mid X_0 = i\right) P\left(X_{m+n} = j \mid X_0 = i, X_n = k\right) \\
&= \sum_{k \in S} p_{ik}^{(n)} P\left(X_{m+n} = j \mid X_0 = i, X_n = k\right)
\end{aligned}
$$

z tego wnioskujemy, że:

$$
p_{ij}^{(m+n)} = \sum_{k \in S} p_{ik}^{(n)} p_{kj}^{(m)} \quad (6)
$$

możemy teraz obliczyć niektóre wielkości za pomocą funkcji prawdopodobieństwa przejścia.

Załóżmy, że jest $\vec{\pi}_0$ to wstępna dystrybucja sieci Markov, a następnie

$$
\begin{aligned}
P\left(X_n = j\right) &= \sum_{i \in S} P\left(X_0 = i, X_n = j\right) \\
&= \sum_{i \in S} P\left(X_0 = i\right) P\left(X_n = j \mid X_0 = i\right)
\end{aligned}
$$

Zauważ to:

$$
P\left(X_n = j\right) = \sum_{i \in S} \pi_{i0} p_{ij}^{(n)} \quad (7)
$$

Za pomocą równania (7) możemy obliczyć rozkład przy użyciu X_n rozkładu inwazyjnego i $\vec{\pi}_0$ *n-stepowego* prawdopodobieństwa przejścia P^n.

Ponadto, używając alternatywnego sposobu, możemy obliczyć rozkład X_n, zauważyć, że:

$$\begin{aligned} P(X_{n+1} = j) &= \sum_{i \in S} P(X_n = i, X_{n+1} = j) \\ &= \sum_{i \in S} P(X_n = i) P(X_{n+1} = j \mid X_n = i) \end{aligned}$$

Dlatego,

$$P(X_{n+1} = j) = \sum_{i \in S} P(X_n = i) p_{ij} \quad (8)$$

Gdybyśmy znali rozkład X_0, to używając równania (8), możemy znaleźć zarówno rozkład jak i X_1 rozkład X_2. I tak dalej, rozkład X_n można znaleźć stosując równanie (8) razy. n

Przykład (1)

Załóżmy, że istnieją dwa pola, pole nr 1 i pole nr 2 , oraz że są m kule oznaczone numerami od 1 do m . Pewna część tych kulek znajduje się w polu nr 1, a reszta w polu nr 2 . Jeśli weźmiemy losowy numer z $1,2,\ldots,m$, a kula oznaczona tym numerem zostanie wyciągnięta z pudełka w nim i umieszczona w drugim pudełku. Eksperyment ten został powtórzony, aby wybory były niezależne od siebie.

Załóżmy, że przedstawia X_n numer piłki w polu nr 1 po próbie n. Następnie tworzy $\{X_n\}$ łańcuch Markova z przestrzenią $S=\{0,1,\ldots,m\}$ państwową , zakładając, że w czasie n są piłki w i polu nr 1 , następnie piłka zostanie wycofana w próbie $(n+1)$ z pola nr 1 i prawdopodobnie $\frac{i}{m}$ umieszczona w polu nr 2 . W tym przypadku pozostaje on $i-1$ z kulek w czasie w $(n+1)$ polu nr 1. W tym samym procesie w tym samym $(n+1)$ czasie wycofano kulę $i+1$ z pola nr 2 i umieszczono ją w polu nr 1 z prawdopodobieństwem, że z $\frac{m-i}{m}$ $(n+1)$ czasem trafi ona do pola nr 1. Dlatego funkcja prawdopodobieństwa przejścia tego łańcucha jest podana w następującej relacji:

$$p_{ij}=\begin{cases}\dfrac{i}{m} & if \quad j=i+1\\ 1-\dfrac{i}{m} & if \quad j=i-1\\ 0 & elswhere\end{cases}$$

Przykład (2)

Rozważmy łańcuch Markova z przestrzenią państwową $S = \{0,1,\ldots,m\}$ tak, aby łańcuch zaczynał się w stanie i i kończył w stanach lub $i-1$ i $i+1$ po jednym kroku. Następnie funkcja prawdopodobieństwa przejścia jest określona przez następującą zależność:

$$p_{ij} = \begin{cases} q_i & if \quad j = i-1 \\ r_i & if \quad j = i \\ p_i & if \quad j = i+1 \\ 0 & elswhere \end{cases}$$

gdzie, p_i q_i jak również są r_i nieujemne liczby poza $p_i + q_i + r_i = 1$. Ten rodzaj łańcuchów nazywany jest łańcuchem narodzin *i śmierci*, a termin "narodziny i śmierć" pochodzi z zastosowań, w których stan łańcucha oznacza populację niektórych systemów życiowych. W tych zastosowaniach przejście ze stanu do i stanu reprezentuje $i+1$ narodziny, podczas gdy przejście ze stanu do i stanu reprezentuje $i-1$ śmierć, i ten rodzaj łańcuchów będziemy szczegółowo badać w rozdziale 6.

Stan w i łańcuchu Markova nazywany jest *stanem wchłaniania,* jeżeli $p_{ii} = 1$ lub podobnie dla $p_{ij} = 0$ $i \neq j$ każdego z nich zajmiemy się szczegółowo tematem wchłaniania łańcuchów Markova w rozdziale 4 niniejszej książki.

Przykład (3)

Rozważmy, że gen składa się z jednostek częściowych, gdzie m m jest liczba dodatnia. Każda jednostka częściowa jest albo normalna, albo nienormalna w swojej formie. Jeśli założymy, że dana komórka zawiera gen składający się z nieprawidłowych jednostek d częściowych i normalnych $m-d$ jednostek częściowych. Zanim komórka zostanie podzielona na dwie komórki żeńskie, wtedy gen namnaża się. Każdy gen w komórce żeńskiej składa się z m jednostek losowo wybranych z nieprawidłowych $2d$ częściowych bułek i z normalnych $2(m-d)$ częściowych bułek.

Załóżmy, że oznacza to X_0 liczbę początkowych nienormalnych jednostek częściowych. Jak również reprezentuje X_n liczbę obecną w n-tym pokoleniu. Tak więc, jest $\{X_n\}$ to łańcuch Markova posiadający przestrzeń $S = \{0,1,\ldots,m\}$ stanu , wtedy funkcja prawdopodobieństwa przejścia jest dana przez następującą relację:

$$p_{ij} = \frac{\binom{2i}{m}\binom{2m-2i}{m-j}}{\binom{2m}{m}}$$

Należy pamiętać, że oba stany są stanami $0\ m$ pochłaniającymi i pochłaniającymi.

2-4 Reprezentacja matrycowa dla transformacji Prawdopodobieństwa

Rozważmy łańcuch $\{X_n\}$Markova, gdzie z $n = 0,1,2,\ldots$ przestrzenią państwową przez cały $S = \{0,1,\ldots,m\}$czas$n \geq m \geq 0$, następnie przedstawiamy go w formie matrycy w następujący sposób:

$$P^{m,n} = \begin{bmatrix} p_{00}^{(m,n)} & p_{01}^{(m,n)} & \cdots & p_{0m}^{(m,n)} \\ p_{10}^{(m,n)} & p_{11}^{(m,n)} & \cdots & p_{1m}^{(m,n)} \\ . & . & \cdots & . \\ p_{m0}^{(m,n)} & p_{m1}^{(m,n)} & \cdots & p_{mm}^{(m,n)} \end{bmatrix}$$

Należy zauważyć, że matryca prawdopodobieństwa przejścia $p^{m,n}$ spełnia następujące warunki:

(i) $p_{ij}^{(m,n)} \geq 0$ dla wszystkich $i, j \in S$

(ii) $\sum_{j\in S} p_{ij}^{(m,n)} = 1$ dla wszystkich $i \in S$

Następnie piszemy równania Chapmana-Kolmogorva w kategoriach macierzy prawdopodobieństwa przejścia dla wszystkich czasów w następujący sposób $n > u > m \geq 0$:

$$p^{m,n} = p^{m,u} \cdot p^{u,n} \quad (9)$$

Tak więc, obserwujemy, że jeśli damy łańcuch Markov $\{X_n\}$ możemy zdefiniować zestaw matryc, które spełniają $\{p^{m,n}\}$ równanie (9), jak również pozycje (i) i (ii). I odwrotnie, jeśli podamy zestaw macierzy, $\{p^{m,n}\}$ a następnie spełnimy równanie (9) oraz pozycje (i) i (ii), możemy zdefiniować łańcuch Markova, gdzie $\{X_n\}$ matryca prawdopodobieństwa przejścia ma elementy dla $p_{ij}^{(m,n)}$ wszystkich $i, j \in S$.

Z równań Chapmana-Kolmogorva wyprowadzamy różne relacje sekwencyjne, a z równania (9) otrzymujemy to:

$$\begin{aligned} p^{m,n} &= p^{m,n-1} \cdot p^{n-1,n} \\ &= p^{m,n-2} \cdot p^{n-2,n-1} \cdot p^{n-1,n} \\ &= \cdots\cdots\cdots\cdots\cdots\cdots \\ &= p^{m,m+1} \cdot p^{m+1,m+2} \cdots p^{n-1,n} \end{aligned} \quad (10)$$

Musimy znać $\{p^{m,n}\}$wszystkie wartości $n \geq m$ i zidentyfikować jednoetapowe matryce prawdopodobieństwa przejścia:

$$p^{0,1}, p^{1,2}, \ldots, p^{n,n+1}, \ldots$$

Możemy zdefiniować bezwarunkowe wektory prawdopodobieństwa $n = 0,1,2,\ldots$ w następujący sposób:

$$\vec{\pi}_n = (\pi_{0n}, \ldots, \pi_{mn})$$

gdzie $\pi_{jn} = P(X_n = j)$dla wszystkich wartości $j \in S$. Łatwo jest to zaspokoić:

$$\vec{\pi}_n = \vec{\pi}_0 P^{0,n} \quad (11)$$

W przypadku jednorodnego łańcucha Markova lub ze stacjonarnym prawdopodobieństwem przejścia, będziemy mieli na myśli zarówno $P^n = [p_{ij}^{(n)}]$macierze przejścia, jak i $P = [p_{ij}]$odpowiednio jednoetapową macierz prawdopodobieństwa przejścia oraz *n-stepową* macierz prawdopodobieństwa przejścia. Dlatego obydwa P są P^n stochastycznymi matrycami.

Dla obliczeń lub P^n *n-stopniowej* macierzy prawdopodobieństwa przejścia, jeśli założymy, że w $n = m = 1$ równaniu (6) otrzymamy, co następuje:

$$p_{ij}^2 = \sum_{k \in S} p_{ik} p_{kj}$$

Definiując mnożenie oryginalnych matryc, obserwujemy, że dwuetapowa matryca przejściowa P^2 jest wynikiem mnożenia matrycy P samej w sobie. Ogólnie rzecz biorąc, jeśli to założymy $m = 1$, to dostaniemy:

$$p_{ij}^{(n+1)} = \sum_{k \in S} p_{ik}^{(n)} p_{kj} \qquad (12)$$

używając indukcji matematycznej i zgodnie z równaniem (12), otrzymujemy, że *n-stepowa* macierz przejścia P^n jest matrycą do potęgi n.

Ponieważ rozkład początkowy $\vec{\pi}_0$ jest wektorem, który zdefiniowano w następujący sposób:

$$\vec{\pi}_0 = (\pi_{00}, \pi_{10}, \ldots, \pi_{m0})$$

i jeśli założymy, że $\vec{\pi}_n$ jest to wektor taki, że

$$\vec{\pi}_n = (\pi_{0n}, \pi_{1n}, \ldots, \pi_{mn})$$

wtedy możemy przepisać równanie (7) i równanie (8), odpowiednio, w następujący sposób:

$$\vec{\pi}_n = \vec{\pi}_0 P^n$$

oraz

$$\vec{\pi}_{n+1} = \vec{\pi}_n P$$

Przykład (4)

Uczeń może odwołać swoje lekcje zgodnie z następującymi zasadami: Jeżeli pamięta w nocy, prawdopodobieństwo nie pamiętania następnej nocy wynosi 70%, a jeżeli nie pamięta w nocy, prawdopodobieństwo nie pamiętania następnej nocy wynosi 60%. Jeśli przyjmiemy, że 0 reprezentuje pamięć, a 1 nie pamięta, $S = \{0,1\}$ to wtedy, a macierz prawdopodobieństwa przejścia jest:

$$P = \begin{array}{c} \\ 0 \\ 1 \end{array} \begin{array}{c} \begin{array}{cc} 0 & 1 \end{array} \\ \begin{bmatrix} 0.3 & 0.7 \\ 0.4 & 0.6 \end{bmatrix} \end{array}$$

Przykład (5)

Troje dzieci A , i B wrzućcie C do siebie piłkę. Zawsze A wrzuca piłkę do B , i zawsze B wrzuca piłkę do C , ale C rzuca piłkę z takim samym prawdopodobieństwem dla obu i A B . Jeśli weźmiemy pod uwagę, że reprezentuje to X_n dziecko, które wrzuciło do niego piłkę w kroku. n Wtedy przestrzeń stanu tego systemu wynosi $S = \{A, B, C\}$. Proces ten jest łańcuchem Markova, w którym dziecko rzucające piłkę nie jest dotknięte przez dziecko, które ma ją przed sobą. Następnie macierz prawdopodobieństwa przejścia dla tego łańcucha Markova jest następująca:

$$P = \begin{array}{c} \\ A \\ B \\ C \end{array} \begin{array}{c} \begin{array}{ccc} A & B & C \end{array} \\ \begin{bmatrix} 0 & 1 & 0 \\ 0 & 0 & 1 \\ 0.5 & 0.5 & 0 \end{bmatrix} \end{array}$$

Przykład (6)

W pewnym obszarze, jeśli nie ma dwóch pięknych dni, a dzień jest piękny, to z takim samym prawdopodobieństwem otrzymujemy dzień śniegu i deszczu w następnym dniu. Ponadto, jeśli dzień jest zaśnieżony lub deszczowy to z taką samą możliwością to w następnym dniu zwraca się do tej samej sytuacji. Ale jeśli dzień jest zaśnieżony lub deszczowy, to zamienia się w piękny dzień następnego dnia z prawdopodobieństwem 0,25. Jeśli założymy, że 0 reprezentuje dzień deszczowy, a 1 piękny dzień, a 2 dzień zaśnieżony, to przestrzeń stanu jest i $S = \{0,1,2\}$ macierz prawdopodobieństwa przejścia jest podana w następujący sposób:

$$P = \begin{matrix} & \begin{matrix} 0 & 1 & 2 \end{matrix} \\ \begin{matrix} 0 \\ 1 \\ 2 \end{matrix} & \begin{bmatrix} 0.5 & 0.25 & 0.25 \\ 0.5 & 0 & 0.5 \\ 0.25 & 0.25 & 0.5 \end{bmatrix} \end{matrix}$$

Przykład (7)

Szkoła ma 200 studentów płci męskiej i 150 studentek. Studenci są wybierani jeden po drugim na badania lekarskie. Załóżmy, że wskazuje X_n rodzaj ucznia (mężczyzna lub kobieta), którego kolej na egzamin n. Wówczas przestrzeń stanu będzie taka $S = \{0,1\}$, że 0 oznacza samicę, a 1 samca. Ale ten proces nie jest uważany za łańcuch Markowa, ponieważ prawdopodobieństwo, że trzecia osoba jest kobietą, nie zależy od typu drugiej osoby, ale od typu pierwszej osoby i drugiej razem.

Przykład (8)

Biorąc pod uwagę następującą macierz prawdopodobieństwa przejścia:

$$P = \begin{matrix} 0 \\ 1 \end{matrix}\overset{\begin{matrix} 0 & \quad 1 \end{matrix}}{\begin{bmatrix} 1 & 0 \\ 1/2 & 1/2 \end{bmatrix}}$$

i wstępny podział $\vec{\pi}_0 = (1/3, 2/3)$. Znajdź:

(i) ($p_{10}^{(3)}$ ii) $\vec{\pi}_3$ oraz (iii) π_{13}.

Dlatego też, w:

(i) $p_{10}^{(3)}$ to prawdopodobieństwo przejścia ze stanu 0 w trzech krokach, możemy je uzyskać z 3-stopniowej macierzy przejścia P^3. Dlatego najpierw P^2 musimy obliczyć 2-stopniową matrycę przejścia:

$$P^2 = P \cdot P = \begin{bmatrix} 1 & 0 \\ 1/2 & 1/2 \end{bmatrix} \cdot \begin{bmatrix} 1 & 0 \\ 1/2 & 1/2 \end{bmatrix} = \begin{bmatrix} 1 & 0 \\ 3/4 & 1/4 \end{bmatrix}$$

$$P^3 = P \cdot P^2 = \begin{bmatrix} 1 & 0 \\ 1/2 & 1/2 \end{bmatrix} \cdot \begin{bmatrix} 1 & 0 \\ 3/4 & 1/4 \end{bmatrix} = \begin{bmatrix} 1 & 0 \\ 7/8 & 1/8 \end{bmatrix}$$

W związku z tym, . $p_{10}^{(3)} = \frac{7}{8}$

(ii) $\vec{\pi}_3$ jest rozkładem prawdopodobieństwa po trzech krokach i możemy go znaleźć, obliczając każdy z nich $\vec{\pi}_1$, i $\vec{\pi}_2$ $\vec{\pi}_3$ odpowiednio, w następujący sposób:

$$\vec{\pi}_1 = \vec{\pi}_0 P = (1/3, 2/3) \cdot \begin{bmatrix} 1 & 0 \\ 1/2 & 1/2 \end{bmatrix} = (2/3, 1/3)$$

$$\vec{\pi}_2 = \vec{\pi}_1 P = (2/3, 1/3) \cdot \begin{bmatrix} 1 & 0 \\ 1/2 & 1/2 \end{bmatrix} = (5/6, 1/6)$$

$$\vec{\pi}_3 = \vec{\pi}_2 P = (5/6, 1/6) \cdot \begin{bmatrix} 1 & 0 \\ 1/2 & 1/2 \end{bmatrix} = (11/12, 1/12)$$

W związku z tym, $\vec{\pi}_3 = (11/12, 1/12)$.

a ponieważ 3-stopniowa macierz przejścia została obliczona w punkcie (i), to możemy również uzyskać, $\vec{\pi}_3$ co następuje:

$$\vec{\pi}_3 = \vec{\pi}_0 P^3 = (1/3, 2/3) \cdot \begin{bmatrix} 1 & 0 \\ 7/8 & 1/8 \end{bmatrix} = (11/12, 1/12)$$

(iii) π_{13} to prawdopodobieństwo, że proces będzie w stanie 1 po trzech krokach, co jest drugim elementem w rozkładzie prawdopodobieństwa procesu po trzech krokach, $\vec{\pi}_3$ tj.

2-5 Prezentacja graficzna dla przejść

Prawdopodobieństwo przejścia łańcucha Markova można przedstawić w formie graficznej, zwanej *diagramem przejścia*, który symbolizuje każde pozytywne prawdopodobieństwo za p_{ij} pomocą strzałki od stanu do i stanu j.

Znajdź matrycę przejścia dla każdego wykresu na poniższych wykresach przejścia:

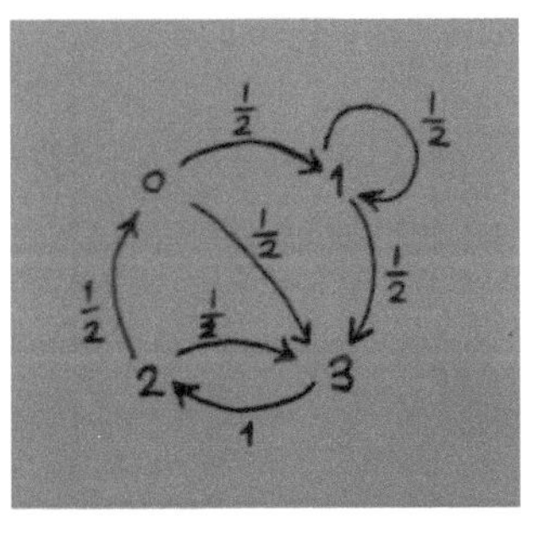

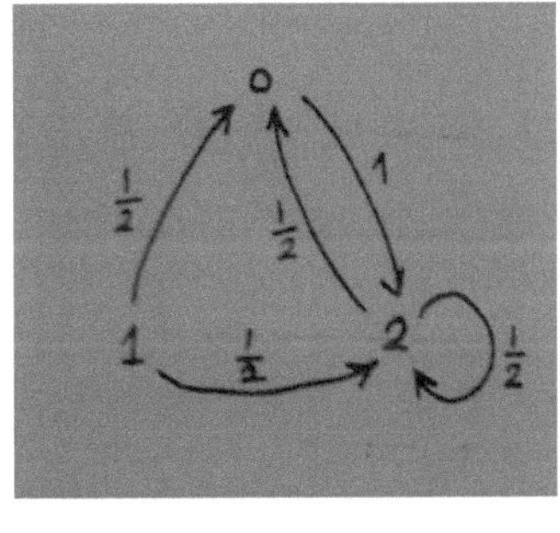

(i) (ii)

2-5 Problemy ogólne

Problem (1)

Załóżmy, że mamy pudełko 1 i pudełko 2, a także kulki $2m$, gdzie są m czarne i m czerwone. Na początku m kulki znajdują się w polu 1, a pozostałe w polu 2. W każdej próbie wyciągamy kulę z każdego pudełka, a następnie zwracamy dwie kulki tak, aby każda z nich została umieszczona w przeciwległym pudełku. Załóżmy, że X_0 oznacza to liczbę czarnych kulek na początku w polu 1, i załóżmy, że X_n dla każdej z nich oznacza to $n = 1,2,\ldots$ liczbę czarnych kulek w polu 1 po próbie n. Znajdź przejściową funkcję prawdopodobieństwa łańcucha Markova gdzie $\{X_n\}$ $n = 0,1,2,\ldots$.

Problem (2)

Znajdź matrycę prawdopodobieństwa przejścia dla cząstki poruszającej się losowo po okręgu o czterech punktach w kierunku zgodnym z ruchem wskazówek zegara, jeżeli prawdopodobieństwo przemieszczenia się cząstki do punktu jest równe prawu p, a prawdopodobieństwo przemieszczenia się do punktu jest równe $1-p$ lewemu, zakładając, że reprezentuje X_0 początkowe położenie cząstki i X_n przedstawia położenie cząstki po próbach n dla każdego $n = 1,2,\ldots$.

Problem (3)

Grupa czwórki dzieci biorących udział w grze polega na rzucaniu piłki z jednego do drugiego, tak aby rzucanie piłki z jednego do trzech pozostałych było równe. Załóżmy, że reprezentuje X_0 dziecko, które dostanie piłkę zaraz po rzucie, X_n gdzie $n = 1,2,\dots$. Opisać przestrzeń stanu oraz jedno- i dwustopniową macierz przejścia łańcucha Markova, gdzie $\{X_n\}$ $n = 0,1,2,\dots$.

Problem (4)

Rozważ serię powtarzających się rzutów monetą pokazującą głowę z dużym prawdopodobieństwem p. Załóżmy, kiedy $n = 2,3,\dots$, równa się X_n 0 lub 1 w zależności od wyniku obu prób n i tego $n-1$, czy jest to łeb czy ogon. Udowodnij, że $\{X_n\}$ nie tworzą łańcucha Markova.

Problem (5)

Jeśli sekwencja stanów, że łańcuch Markova zajęty po 50 przejściach był następujący:

0 1 0 1 1 1 0 1 0 0 1
0 1 0 1 0 1 1 1 1 0
1 0 0 1 0 1 1 0 0 1
0 1 1 0 1 0 0 0 1 0
1 1 0 0 1 1 0 1 1 0

Znajdź jednoetapową macierz prawdopodobieństwa przejścia przy założeniu, że łańcuch jest homogeniczny.

Problem (6)

Jeśli wiesz, że pięć punktów jest zaznaczonych (określonych) na okręgu. Jeśli proces z dużym prawdopodobieństwem $\frac{1}{2}$ przenosi się ze znanego punktu do innego, sąsiedniego punktu, znajdź następujące informacje:

(i) Matryca prawdopodobieństwa powstałego łańcucha Markova.

(ii) Matryca prawdopodobieństwa przejścia z (2) i (3) krokami odpowiednio.

Problem (7)

Jest tam gracz, który ma 3 dinary. W każdej grze gracz przegrywa jeden dinar z prawdopodobieństwem $\frac{3}{4}$ lub wygrywa dwa dinary z prawdopodobieństwem $\frac{1}{4}$. Gracz przestaje grać, jeśli przegra z nim wszystko lub jeśli wygra co najmniej 3 dinary.

(i) Znajdź matrycę prawdopodobieństwa przejścia tego łańcucha Markova.

(ii) Jakie jest prawdopodobieństwo, że hazard będzie kontynuowany co najmniej 4 razy.

Problem (8)

Gracz odkrył, że prawdopodobieństwo jego wygranej jest następujące: jeśli wygra jedną z gier, to prawdopodobieństwo wygrania kolejnej partii wynosi 0,6. Również jeśli przegra grę, to prawdopodobieństwo przegranej kolejnej partii wynosi 0,7, a prawdopodobieństwo wygranej pierwszej partii wynosi 0,5.

(i) Jakie jest prawdopodobieństwo wygrania drugiego meczu.

(ii) Jakie jest prawdopodobieństwo wygrania trzeciego meczu.

Problem (9)

Rozważmy łańcuch Markova z przestrzenią stanu $S = \{0,1,2\}$ i następującą macierzą prawdopodobieństwa przejścia:

$$P = \begin{matrix} & \begin{matrix} 0 & 1 & 2 \end{matrix} \\ \begin{matrix} 0 \\ 1 \\ 2 \end{matrix} & \begin{bmatrix} 0 & 1 & 0 \\ 1-p & 0 & p \\ 0 & 1 & 0 \end{bmatrix} \end{matrix}$$

(i) Znajdź P^2.

(ii) Udowodnij, że $P^4 = P^2$.

Problem (10)

Biorąc pod uwagę następującą matrycę przejściową:

$$P = \begin{matrix} & \begin{matrix} 0 & 1 & 2 \end{matrix} \\ \begin{matrix} 0 \\ 1 \\ 2 \end{matrix} & \begin{bmatrix} 0 & 1/2 & 1/2 \\ 1/2 & 1/2 & 0 \\ 0 & 1 & 0 \end{bmatrix} \end{matrix}$$

i początkowy rozkład prawdopodobieństwa $\vec{\pi}_0 = (2/3, 0, 1/3)$, znajdują się następujące informacje:

(i) $p_{21}^{(3)} . p_{02}^{(2)}$ و

(ii) $\vec{\pi}_4$ π_{24} . وكذلك

Problem (11)

W przykładzie (1), załóżmy, że $m = 3$, a następnie rozwiążmy następujące pytania:

(i) Znajdź , P i P^2 P^3.

(ii) Załóżmy, że jest to $\vec{\pi}_0$ symetryczny rozkład początkowy taki, że $\vec{\pi}_0 = (1/4, 1/4, 1/4, 1/4)$, znaleźć , $\vec{\pi}_1$ i $\vec{\pi}_2$ $\vec{\pi}_3$.

Problem (12)

Znajdź matrycę prawdopodobieństwa przejścia odpowiadającą każdemu z poniższych diagramów przejścia:

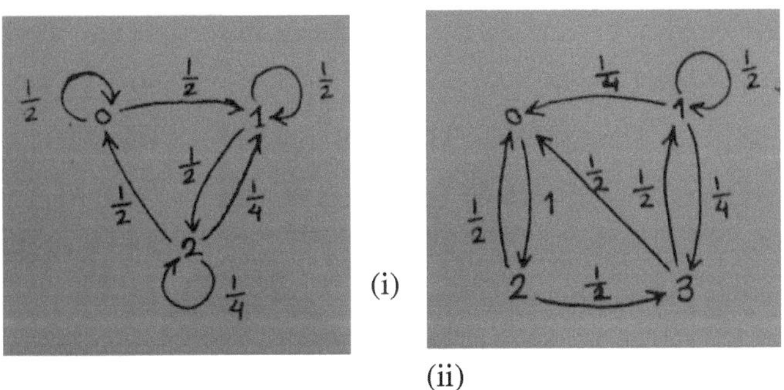

(i)

(ii)

Problem (13)

Narysuj wykres przejścia odpowiadający każdej z następujących matryc przejściowych:

$$\begin{array}{c} \\ 0 \\ 1 \\ 2 \\ 3 \end{array}\begin{array}{c} \begin{array}{cccc} 0 & 1 & 2 & 3 \end{array} \\ \begin{bmatrix} 1/2 & 1/2 & 0 & 0 \\ 1/2 & 1/2 & 0 & 0 \\ 1/4 & 1/4 & 1/4 & 1/4 \\ 1/4 & 1/4 & 1/4 & 1/4 \end{bmatrix} \end{array} \text{(ii)} \qquad \begin{array}{c} \\ 0 \\ 1 \\ 2 \end{array}\begin{array}{c} \begin{array}{ccc} 0 & 1 & 2 \end{array} \\ \begin{bmatrix} 0 & 1/2 & 1/2 \\ 1/2 & 1/2 & 0 \\ 0 & 1 & 0 \end{bmatrix} \end{array} \text{(i)}$$

Rozdział 3

Klasyfikacja Markova

Łańcuchy

W tym rozdziale zastanowimy się nad klasyfikacją łańcuchów Markove, klasyfikując przestrzeń stanów tych łańcuchów poprzez możliwość przeniesienia procesu ze stanu znanego do innego stanu znanego. Ogólnie rzecz biorąc, dzielimy stany na klasy równoważności i odniesiemy się do niektórych typów sieci Markov zgodnie z charakterem ich stanów.

3-1 Analiza przestrzeni państwowej

Załóżmy, że i i są j dwa pewne stany, a nie koniecznie różne, to mówimy, że prowadzi to do tego i, że jeśli istnieje j numer postulatu tak n $p_{ij}^{(n)} > 0$.

Dlatego mówimy, że te dwa stany i i j są wzajemne i symbolizowane przez jeśli $i \leftrightarrow j$ prowadzi i do i j prowadzi j do i .

Relacja jest $i \leftrightarrow j$ *relacją równoważności* z następującymi właściwościami:

(ii) Własność *elastyczności* : $i \leftrightarrow j$.

(iii) Właściwość *symetrii*: jeśli wtedy $i \leftrightarrow j$ $j \leftrightarrow i$.

(iv) Właściwość *przemiany*: jeśli i $i \leftrightarrow j$ wtedy $j \leftrightarrow k$ $i \leftrightarrow k$.

Możemy dowieść własności przemiany, biorąc i m n , tak i $p_{ij}^{(m)} > 0$ $p_{jk}^{(n)} > 0$. Ponadto, poprzez zastosowanie równania Chapmana-Kolmogorva, uzyskujemy to:

$$p_{ik}^{(m+n)} = \sum_{h \in S} p_{ih}^{(m)} \cdot p_{hk}^{(n)} \geq p_{ij}^{(m)} \cdot p_{jk}^{(n)} > 0$$

Łańcuch Markowa nazywany jest *ergotycznym,* jeżeli m znajdziemy liczbę całkowitą, która $p_{ij}^{(m)} > 0$ dla wszystkich stanów i i w j S . Jeżeli wszystkie stany w łańcuchu Markowa są wzajemne, a stan, i który $p_{ii} > 0$ zostanie znaleziony, to łańcuch Markowa będzie ergotyczny.

Przykład (1)

Jeśli łańcuch Markova reprezentuje następującą macierz prawdopodobieństwa przejścia:

$$P = \begin{array}{c} \\ 0 \\ 1 \\ 2 \\ 3 \\ 4 \\ 5 \end{array}\!\!\begin{array}{c} \begin{array}{cccccc} 0 & 1 & 2 & 3 & 4 & 5 \end{array} \\ \begin{bmatrix} q & p & 0 & 0 & 0 & 0 \\ q & 0 & p & 0 & 0 & 0 \\ 0 & q & 0 & p & 0 & 0 \\ 0 & 0 & q & 0 & p & 0 \\ 0 & 0 & 0 & q & 0 & p \\ 0 & 0 & 0 & 0 & q & p \end{bmatrix} \end{array}$$

to wszystkie stany w tym łańcuchu Markova są obustronne, bo..:

$$p_{01} p_{12} p_{23} p_{34} p_{45} p_{54} p_{43} p_{32} p_{21} p_{10} > 0$$

od tego czasu $p_{00} > 0$ łańcuch Markova będzie ergotyczny.

Możemy również analizować przestrzeń stanu dla nieciągłych równoważnych wierszy za pomocą tej zależności.

Podzbiór C przestrzeni stanu S nazywany jest randolią *zamkniętą,* jeśli nie ma stanu wewnątrz prowadzącego do innego C stanu na zewnątrz C . W związku z tym równoważne wiersze w poprzedniej analizie niekoniecznie muszą być zamknięte, a te zamknięte nazywane są *nieredukowalnymi.*

Ponadto, zamknięty podzbiór przestrzeni C stanu nazywany jest również *nieredukowalnym* zestawem, jeśli dla $i \leftrightarrow j$ wszystkich i i j są w j C . A prawdopodobieństwo przejścia w macierzy P i wyśrodkowane w zamkniętym podzbiorze C, który jest określany przez P_C samą siebie, jest matrycą stochastyczną.

Łańcuch Markowa nazywany jest *nieredukowalnym*, jeśli przestrzeń stanu S tego łańcucha jest nieredukowalna. W tym przypadku równoważna relacja $i \leftrightarrow j$ ma tylko jeden rząd równoważności.

Tak więc łańcuch Markova jest nieredukowalny, jeśli jego matryca przejściowa jest nieredukowalna zgodnie z definicją (2) w załączniku.

Jeśli P jest redukowalny, to można go zapisać w następujący sposób:

$$P = \begin{bmatrix} A_{11} & O \\ A_{21} & A_{22} \end{bmatrix}$$

Nie ma więc żadnego stanu spośród stanów, które można odróżnić od macierzy, A_{11} co może prowadzić do innego stanu, który odróżnia macierz A_{21}, ponieważ jest to sprzeczne z założeniem, że łańcuch Markowa jest nieredukowalny.

Przeciwnie, jeśli jest to P nieredukowalne przy użyciu definicji (2) w dodatku, to twierdzenie (1) w dodatku sugeruje również, że każda para stanów jest wzajemna. Podobnie, zamknięty zbiór stanów C jest nieredukowalny wtedy i tylko wtedy, gdy matryca przejściowa jest P_C nieredukowalna.

3-2 Państwa powtarzające się i przejściowe

Załóżmy, że oznacza to ρ_{ii} prawdopodobieństwo, że łańcuch Markova zacznie odchodzić od stanu i i powróci do stanu i. Następnie stan ten i jest nazywany stanem *powtarzalnym,* jeżeli i $\rho_{ii} = 1$ jest i nazywany *stanem przemijającym,* jeżeli $\rho_{ii} < 1$. Tak więc, powtarzające się i przemijające jest właściwością równoważności rzędu.

Z tego powodu równoważność wiersza stwierdzona we wzajemnej relacji opisanej powyżej obejmuje albo wszystkie jego stany są powtarzające się, albo wszystkie jego stany są przejściowe. Ogólnie rzecz biorąc, nieredukowalna równoważność zamkniętego rzędu jest z konieczności powtarzalna. W rezultacie, w łańcuchu Markova z równowartością jednego rzędu, wszystkie jego stany powtarzają się. Dlatego skończony łańcuch Markova nie może zawierać wszystkich stanów przejściowych. Z drugiej strony, możliwe jest posiadanie kilku rzędów równoważności, z których co najmniej jeden jest powtarzalny.

Stan w k łańcuchu Markova nazywany jest *stanem pochłaniania* jeśli lub $p_{kk} = 1$ $p_{kj} = 0$ dla każdego $j \neq k$. Dlatego łańcuch zawierający stan pochłaniania lub kilka stanów pochłaniania nazywany jest *pochłaniającym łańcuchem Markova*. Zamknięty pojedynczy zestaw $\{k\}$ jest nieredukowalny i powtarzalny.

Załóżmy, że oznacza to ilość N_j razy $n = 1,2,\ldots$, w których łańcuch marcovian jest w stanie j. Załóżmy również, że oznacza to G_{ij} oczekiwaną liczbę wizyt w państwie dla j łańcucha Markova, który rozpoczął się od państwa i. Teraz przedstawimy następujące twierdzenia i bez dowodów:

Twierdzenie (1)

(i) Załóżmy j więc, że jest to stan przejściowy:

$$P_i\left(N_j < \infty\right) = 1$$

oraz

$$G_{ij} = \frac{\rho_{ij}}{1 - \rho_{jj}} \quad ; \quad i \in S$$

która jest skończoną liczbą dla każdego $i \in S$.

(ii) Załóżmy j więc, że jest to stan powtarzający się:

$$P_j(N_j = \infty) = 1$$

oraz

$$G_{jj} = \infty$$

Również,

$$P_i(N_j = \infty) = \rho_{ij} \quad ; \qquad i \in S$$

jeżeli wtedy $\rho_{ij} = 0$ $G_{ij} = 0$, ale jeżeli wtedy $\rho_{ij} > 0$ $G_{ij} = \infty$.

To twierdzenie opisuje nam fundamentalną różnicę między stanem przemijającym a nawracającym. Jeśli państwo jest j przejściowe, to niekoniecznie musi pochodzić z miejsca, w którym rozpoczął się łańcuch Markova, ponieważ wykonuje tylko ograniczoną liczbę odwiedzin, a j oczekiwana liczba odwiedzin również jest j ograniczona.

Jeśli przyjmiemy, że j jest to stan powtarzalny, to łańcuch Markova, jeśli zaczyna się od stanu j, to wraca do tego samego stanu w j nieograniczonej liczbie razy. Ale jeśli zaczyna się od innego stanu i, to nie można trafić w stan j. Jeśli jest to możliwe, a łańcuch odwiedził stan co j najmniej raz, będzie to robić nieograniczoną liczbę razy.

W rezultacie łańcuch Markova jest nazywany *łańcuchem przemijającym,* jeśli wszystkie jego stany są przemijające. I, tt jest nazywany *łańcuchem rekurencyjnym*, jeśli wszystkie jego stany są rekurencyjne.

Przykład (2)

Znajdź powtarzające się i przemijające stany łańcucha Markova z następującą przejściową matrycą prawdopodobieństwa:

$$P = \begin{array}{c} \\ 0 \\ 1 \\ 2 \\ 3 \\ 4 \\ 5 \end{array} \begin{array}{c} \begin{matrix} 0 & 1 & 2 & 3 & 4 & 5 \end{matrix} \\ \begin{bmatrix} 1 & 0 & 0 & 0 & 0 & 0 \\ 1/4 & 1/2 & 1/4 & 0 & 0 & 0 \\ 0 & 1/5 & 2/5 & 1/5 & 0 & 1/5 \\ 0 & 0 & 0 & 1/6 & 1/3 & 1/2 \\ 0 & 0 & 0 & 1/2 & 0 & 1/2 \\ 0 & 0 & 0 & 1/4 & 0 & 3/4 \end{bmatrix} \end{array}$$

Należy pamiętać, że stan 0 jest stanem pochłaniania i dlatego jest to stan powtarzalny. Podobnie jak stany 3, 4 i 5 są stanami powtarzającymi się. Natomiast stany 1 i 2 są stanami przejściowymi.

3-3 Stany zerowe powtarzające się i dodatnie Stany powtarzające się

Załóżmy, że oznacza to m_i oczekiwanie, że czas powrotu do stanu dla i łańcucha Markova rozpoczyna się od tego samego stanu (i tj.) $X_0 = i$, jeśli czas powrotu jest skończony. Przypuśćmy też, że jeśli $m_i = \infty$ oczekiwanie na czas powrotu jest nieskończone.

Dlatego też stan rekurencyjny i jest nazywany rekurencyjnym *zerowym,* jeśli $m_i = \infty$, ale w przypadku skończonego czasu powrotu $m_i < \infty$, wówczas stan jest nazywany *rekurencyjnym dodatnim.* Możemy również powiedzieć, że skończone łańcuchy Markova nie mają stanów zerowych.

W rezultacie możemy powiedzieć, że łańcuch Markova jest nazywany łańcuchem *zerową rekurencją,* jeśli wszystkie jego stany są zerowymi rekurencyjnymi stanami, i jest nazywany *dodatnim rekurencyjnym łańcuchem,* jeśli wszystkie jego stany są dodatnie rekurencyjne. W związku z tym zauważamy, że nieredukowalny łańcuch Markova jest łańcuchem przemijającym, zerowym lub dodatnim łańcuchem powtarzającym się.

Przykład (3)

Weźmy pod uwagę łańcuch Markova opisany w Przykładzie (2). Wówczas stanami przejściowymi są 1 i 2, podczas gdy stanami powtarzającymi się są 0, 3, 4 i 5. Dlatego też zauważamy, że te powtarzające się stany są z konieczności stanami pozytywnymi.

3-4 Łańcuchy okresowe i aperiodyczne

Załóżmy, że jest to i stan w łańcuchu Markova taki, że $p_{ii}^{(n)} > 0$ dla niektórych wartości $n = 1,2,\ldots$. Okres stanu i jest największym wspólnym dzielnikiem liczby naturalnej takiej $n = 1,2,\ldots$, że $p_{ii}^{(n)} > 0$.

Okres ten jest również właściwością rzędu równoważności, tak że wzajemne państwa mają ten sam okres d_i lub mają wspólny okres d. Ogólnie rzecz biorąc, w nieredukowalnym łańcuchu Markova, wszystkie państwa mają ten sam okres lub mają wspólny okres. Dlatego mówimy, że łańcuch jest *okresowy* jeśli i $d > 1$ okresowy z jednym okresem jeśli $d = 1$.

Tak więc, nieredukowalny łańcuch Markova jest okresowy, jeśli i tylko wtedy, gdy matryca przejściowa dla tego łańcucha jest okresowa.

Z tego można powiedzieć, że jeśli łańcuch jest okresowy z jednym okresem, to rząd równoważności jest regularny. Dlatego sieć Markov, która charakteryzuje się tą właściwością, nazywana jest *regularną siecią Markov*.

Definicja (1)

Matryca prawdopodobieństwa przejścia regularnego łańcucha Markova jest nazywana *matrycą prawdopodobieństwa przejścia regularnego*.

Dlatego też macierz prawdopodobieństwa przejścia jest regularna wtedy i tylko wtedy, gdy dla każdej dodatniej liczby naturalnej jest n $P^n > 0$.

Przykład (4)

Znajdź okres dla łańcuchów Markova, które są opisane za pomocą następujących macierzy prawdopodobieństwa przejścia:

(i) $P = \begin{array}{c} \\ 0 \\ 1 \\ 2 \end{array} \begin{array}{c} \begin{array}{ccc} 0 & 1 & 2 \end{array} \\ \begin{bmatrix} 0 & 0 & 1 \\ 1 & 0 & 0 \\ \frac{1}{2} & \frac{1}{2} & 0 \end{bmatrix} \end{array}$ (ii) $P = \begin{array}{c} \\ 0 \\ 1 \\ 2 \\ 3 \\ 4 \end{array} \begin{array}{c} \begin{array}{ccccc} 0 & 1 & 2 & 3 & 4 \end{array} \\ \begin{bmatrix} 0 & \frac{1}{3} & \frac{2}{3} & 0 & 0 \\ 0 & 0 & 0 & \frac{1}{4} & \frac{3}{4} \\ 0 & 0 & 0 & \frac{1}{4} & \frac{3}{4} \\ 1 & 0 & 0 & 0 & 0 \\ 1 & 0 & 0 & 0 & 0 \end{bmatrix} \end{array}$

Zauważamy, że okres, o którym mowa w punkcie (i) jest równy 1, a okres, o którym mowa w punkcie (ii) jest równy 3.

Przykład (5)

Załóżmy, że macierz prawdopodobieństwa przejścia łańcucha Markova jest podana przez:

$$P = \begin{array}{c} \\ 0 \\ 1 \\ 2 \\ 3 \end{array} \begin{array}{c} \begin{array}{cccc} 0 & 1 & 2 & 3 \end{array} \\ \begin{bmatrix} 1/2 & 1/2 & 0 & 0 \\ 1/2 & 1/2 & 0 & 0 \\ 1/4 & 1/4 & 1/4 & 1/4 \\ 1/4 & 1/4 & 1/4 & 1/4 \end{bmatrix} \end{array}$$

Czy ta sieć Markova jest regularna?

Należy pamiętać, że gdy system wejdzie w stan 0 lub stan 1, nie będzie możliwe przejście do stanu 2 lub stanu 3, co oznacza, że system pozostanie w przestrzeni stanu $\{0,1\}$. Następnie, specjalnie $p_{02}^{(n)} = 0$ dla każdej naturalnej liczby n . Dlatego każda moc P^n będzie miała element zerowy, to znaczy P nieregularny.

3-5 Problemy ogólne

Problem (1)

Udowodnij, że jeśli prowadzi i do i j prowadzi j do to k prowadzi i do k .

Problem (2)

Udowodnić, że $\rho_{ij} > 0$ jeżeli i tylko w $p_{ij}^{(n)} > 0$ przypadku każdej dodatniej liczby naturalnej n .

Problem (3)

Znajdź stany powtarzające się i przejściowe dla następujących matryc przejściowych:

$$P_1 = \begin{array}{c} \\ 0 \\ 1 \\ 2 \\ 3 \\ 4 \end{array} \begin{array}{c} \begin{array}{ccccc} 0 & 1 & 2 & 3 & 4 \end{array} \\ \begin{bmatrix} 1/3 & 2/3 & 0 & 0 & 0 \\ 1/3 & 0 & 2/3 & 0 & 0 \\ 0 & 1/3 & 0 & 2/3 & 0 \\ 0 & 0 & 1/3 & 0 & 2/3 \\ 0 & 0 & 0 & 1/3 & 2/3 \end{bmatrix} \end{array} \quad P_2 = \begin{array}{c} \\ 0 \\ 1 \\ 2 \\ 3 \\ 4 \end{array} \begin{array}{c} \begin{array}{ccccc} 0 & 1 & 2 & 3 & 4 \end{array} \\ \begin{bmatrix} 1 & 0 & 0 & 0 & 0 \\ 1/3 & 0 & 2/3 & 0 & 0 \\ 0 & 1/3 & 0 & 2/3 & 0 \\ 0 & 0 & 1/3 & 0 & 2/3 \\ 0 & 0 & 0 & 0 & 1 \end{bmatrix} \end{array}, \quad ,$$

$$P_3 = \begin{array}{c} \\ 0 \\ 1 \\ 2 \\ 3 \\ 4 \\ 5 \\ 6 \end{array} \begin{array}{c} \begin{array}{ccccccc} 0 & 1 & 2 & 3 & 4 & 5 & 6 \end{array} \\ \begin{bmatrix} 1/3 & 1/3 & 1/3 & 0 & 0 & 0 & 0 \\ 1/3 & 1/3 & 1/3 & 0 & 0 & 0 & 0 \\ 1/3 & 1/3 & 1/3 & 0 & 0 & 0 & 0 \\ 0 & 1/4 & 0 & 1/2 & 0 & 0 & 1/4 \\ 0 & 0 & 1/4 & 0 & 1/2 & 0 & 1/4 \\ 0 & 0 & 0 & 0 & 0 & 0 & 1 \\ 0 & 1/16 & 1/16 & 1/4 & 1/4 & 1/8 & 1/4 \end{bmatrix} \end{array}.$$

Problem (4)

Biorąc pod uwagę następujące matryce prawdopodobieństwa przejścia:

$$P_1 = \begin{bmatrix} 0 & 1 \\ 1 & 0 \end{bmatrix}, \qquad P_2 = \begin{bmatrix} 0.448 & 0.484 & 0.068 \\ 0.054 & 0.699 & 0.247 \\ 0.011 & 0.503 & 0.486 \end{bmatrix}$$

Znajdź okres dla powyższych matryc przejściowych i $P_1\,P_2$.

Problem (5)

Udowodnić, że dla każdego z dwóch wzajemnych państw mają ten sam okres.

Problem (6)

Następujące łańcuchy Markov klasyfikuje się jako ergotyczne lub absorbujące, jak również każdy z ergotycznych łańcuchów Markov jest regularny:

(a) $\begin{bmatrix} \frac{1}{2} & \frac{1}{2} \\ \frac{1}{2} & \frac{1}{2} \end{bmatrix}$ (b) ($\begin{bmatrix} 1 & 0 & 0 \\ 0 & 1 & 0 \\ \frac{1}{3} & \frac{1}{3} & \frac{1}{3} \end{bmatrix}$ c) $\begin{bmatrix} 0 & \frac{1}{2} & \frac{1}{2} \\ 1 & 0 & 0 \\ 1 & 0 & 0 \end{bmatrix}$

(d) $\begin{bmatrix} 0 & 1 & 0 \\ 0 & 0 & 1 \\ \frac{1}{2} & \frac{1}{2} & 0 \end{bmatrix}$ (e) $\begin{bmatrix} 1 & 0 & 0 & 0 \\ 0 & \frac{1}{3} & \frac{1}{3} & \frac{1}{3} \\ 0 & \frac{1}{3} & \frac{1}{3} & \frac{1}{3} \\ 0 & \frac{1}{3} & \frac{1}{3} & \frac{1}{3} \end{bmatrix}$

Problem (7)

Które z poniższych matryc stochastycznych są regularne?

$$\text{(i)} \begin{bmatrix} 0 & 0 & 1 \\ \frac{1}{2} & 0 & \frac{1}{2} \\ 0 & 1 & 0 \end{bmatrix} \qquad \text{(ii) (} \begin{bmatrix} \frac{1}{2} & \frac{1}{2} & 0 \\ \frac{1}{2} & \frac{1}{2} & 0 \\ \frac{1}{4} & \frac{1}{4} & \frac{1}{2} \end{bmatrix} \quad \text{iii)} \begin{bmatrix} \frac{1}{2} & \frac{1}{4} & \frac{1}{2} \\ 0 & 1 & 0 \\ \frac{1}{2} & 0 & \frac{1}{2} \end{bmatrix}$$

Problem (8)

Podaj dwa przykłady dla każdego z typów następujących łańcuchów Markova:

(i) Ergotyczny.

(ii) Okresowo z okresem 3.

(iii) Regularnie.

(iv) Wchłanianie.

Rozdział 4

Pochłanianie łańcuchów Markova

4-1 Koncepcje pochłaniania łańcuchów Markova

Wróćmy teraz trochę do tego, co studiowaliśmy w rozdziale 2 na temat klasyfikacji łańcuchów Markova, i powiedzieliśmy, że rzędy równoważności zostały podzielone na zbiór stanów powtarzających się i zbiór stanów przejściowych. Jeżeli zbiór rekurencyjnych stanów zawiera tylko jeden stan, to stan ten nazywany jest stanem pochłaniającym. Dlatego też, dla każdego stanu, jeżeli i $p_{ii} = 1$, a wszystkie pozostałe prawdopodobieństwa p_{ij}'s są równe 0 dla wszystkich wartości $i \neq j$, wówczas stan ten i nazywany jest stanem pochłaniającym. Ogólnie rzecz biorąc, można powiedzieć, że łańcuchy Markowa, w których wszystkie jego powtarzające się stany są wchłaniane, nazywane są łańcuchami wchłaniającymi Markowa.

Istnieją również pewne matryce przejściowe, które zawierają zamknięte matryce podrzędne w następujący sposób:

$$P = \begin{bmatrix} P_1 & O \\ R & Q \end{bmatrix}$$

gdzie P_1 jest zamknięta pod-matryca, więc ten typ macierzy nazywany jest pod-matrycą absorbującą. Należy pamiętać, że nie zawierają one P_1 pozycji pochłaniających.

Są to rodzaje łańcuchów absorbujących, które obecnie badamy w tym rozdziale.

4-2 Prawdopodobieństwa absorpcyjne

Załóżmy, że jest to C jeden z nieredukowalnych zestawów zamkniętych z zestawów powtarzających się stanów. I reprezentuje T zestaw stanów przejściowych. Jeśli założymy, że $B_C(i)$ reprezentuje to prawdopodobieństwo, że łańcuch Markova rozpoczął się od stanu i i uderzył w zestaw C. Dlatego łańcuch pozostaje statyczny w C, więc mówimy, że jest to $B_C(i)$ prawdopodobieństwo, że łańcuch rozpoczął się w stanie i i wchłonięty przez zestaw C.

Jest oczywiste, że jeśli $B_C(i) = 1$ i $i \in C$ jeśli $B_C(i) = 0$ reprezentuje i stan powtarzający się, a nie w zestawie C.

Możliwe jest zatem obliczenie $B_C(i)$ poprzez rozwiązanie układu równań liniowych tak, aby istniały równania liniowe równe liczbie unkowns, z których wszystkie znajdują się w T . Aby zilustrować ten przypadek, należy pamiętać, że jeśli wtedy $i \in T$ łańcuch zaczyna się od stanu i i może wejść tylko C tam, gdzie wchodzi C w czasie 1. Albo pozostaje w T czasie 1, a w C pewnym momencie w czasie przyszłym. Tak więc, uformowane zdarzenie ma prawdopodobieństwo, $\sum_{j \in C} p_{ij}$ a to ostatnie zdarzenie ma prawdopodobieństwo $\sum_{j \in T} p_{ij} B_C(i)$.

W wyniku tego możliwe jest obliczenie przy $B_C(i)$ użyciu następującego układu równań liniowych:

$$B_C(i) = \sum_{j \in C} p_{ij} + \sum_{j \in T} p_{ij} B_C(i) \quad ; \quad i \in T \quad (1)$$

Jeśli mamy skończoną liczbę powtarzających się stanów, to..:

$$\sum_k B_{C_k}(i) = 1 \quad ; \quad i \in T \quad (2)$$

Dlatego też w przypadku istnienia skończonej liczby stanów nieustalonych, a każdy stan nieustalony jest odwiedzany tylko skończoną liczbę razy, wówczas prawdopodobieństwo trafienia w stan nieustalony jest równe 1.

Aiso, jeśli łańcuch Markova zaczyna się od stanu przejściowego i i wchodzi w nieredukowalny zamknięty zbiór stanów C powtarzających się, wtedy łańcuch odwiedzi każdy stan w C . To znaczy:

$$B_{ij} = B_C(i) \quad ; \quad i \in T, j \in C \quad (3)$$

Przykład (1)

Biorąc pod uwagę następującą matrycę przejściową:

$$\begin{array}{c} \\ 0 \\ 1 \\ 2 \\ 3 \\ 4 \\ 5 \end{array}\begin{array}{c} \begin{array}{cccccc} 0 & 1 & 2 & 3 & 4 & 5 \end{array} \\ \begin{bmatrix} 1 & 0 & 0 & 0 & 0 & 0 \\ 1/4 & 1/2 & 1/4 & 0 & 0 & 0 \\ 0 & 1/5 & 2/5 & 1/5 & 0 & 1/5 \\ 0 & 0 & 0 & 1/6 & 1/3 & 1/2 \\ 0 & 0 & 0 & 1/2 & 0 & 1/2 \\ 0 & 0 & 0 & 1/4 & 0 & 3/4 \end{bmatrix} \end{array}$$

zauważamy, że zestaw stanów nieustalonych jest $T\ \{1,2\}$. I że zestaw powtarzających się stanów jest tak samo jak $\{0\}\ \{3,4,5\}$. Tak więc, aby znaleźć i $B_{10} = B_{\{0\}}(1)\ B_{20} = B_{\{0\}}(2)$, rozwiązujemy następujące równania liniowe:

$$B_{10} = \frac{1}{4} + \frac{1}{2} B_{10} + \frac{1}{4} B_{20}$$

oraz

$$B_{20} = \frac{1}{5} B_{10} + \frac{2}{5} B_{20}$$

Po rozwiązaniu tych równań stwierdzamy, że jak $B_{10} = \frac{3}{5}$ również $B_{20} = \frac{1}{5}$. Możemy to również znaleźć, jak $B_{\{3,4,5\}}(1) = \frac{2}{5}$ również $B_{\{3,4,5\}}(2) = \frac{4}{5}$ poprzez zastosowanie równania (2).

Przykład (2)

Jeśli dostaniesz łańcuch Markova składający się z pięciu stanów, które mają następującą macierz prawdopodobieństwa przejścia:

$$\begin{array}{c} \\ 1 \\ 2 \\ 3 \\ 4 \\ 5 \end{array} \begin{array}{c} \begin{array}{ccccc} 1 & 2 & 3 & 4 & 5 \end{array} \\ \begin{bmatrix} 1/3 & 2/3 & 0 & 0 & 0 \\ 1/2 & 1/2 & 0 & 0 & 0 \\ 1/2 & 0 & 0 & 1/4 & 1/4 \\ 0 & 0 & 0 & 1/3 & 2/3 \\ 0 & 1/2 & 1/2 & 0 & 0 \end{bmatrix} \end{array}$$

zauważamy z tego łańcucha, że nie ma stanów pochłaniania, ale jest jeden pochłaniający podłańcuch, który jest:

$$\begin{array}{c} \\ 1 \\ 2 \end{array} \begin{array}{c} \begin{array}{cc} 1 & 2 \end{array} \\ \begin{bmatrix} 1/3 & 2/3 \\ 1/2 & 1/2 \end{bmatrix} \end{array}$$

Tak więc, zestaw stanów powtarzających się wynosi $C\ \{1,2\}$. A zestaw stanów przejściowych to $T\ \{3,4,5\}$. Tak więc, aby znaleźć prawdopodobieństwa pochłaniania, rozwiązujemy następujący układ równań liniowych:

$$B_C(3)=\frac{1}{2}+\frac{1}{4}B_C(4)+\frac{1}{4}B_C(5)$$

$$B_C(4)=\frac{1}{3}B_C(4)+\frac{2}{3}B_C(5)$$

$$B_C(5)=\frac{1}{2}+B_C(3)$$

Po rozwiązaniu tych równań stwierdzamy, że prawdopodobieństwa absorpcji są następujące:

$$B_C(3)=1 \quad , \quad B_C(4)=1 \quad , \quad B_C(5)=1$$

Przykład (3)

Jeśli otrzymamy łańcuch Markova składający się z czterech stanów, które są opisane przez następującą macierz prawdopodobieństwa przejścia:

$$P=\begin{array}{c} \\ 1 \\ 2 \\ 3 \\ 4 \end{array}\begin{array}{c} \begin{array}{cccc} 1 & 2 & 3 & 4 \end{array} \\ \begin{bmatrix} 1/2 & 0 & 1/2 & 0 \\ 0 & 1/2 & 1/4 & 1/4 \\ 0 & 1/3 & 2/3 & 0 \\ 0 & 3/4 & 0 & 1/4 \end{bmatrix} \end{array}$$

zauważamy, że następujący zestaw stanów $C = \{2,3,4\}$tworzy zamknięty, absorbujący podłańcuch. Ponieważ prawdopodobieństwa p_{21} przejścia, i p_{31} p_{41}, wszystkie są równe zeru.

Chcemy znaleźć wartość prawdopodobieństwa absorpcji $B_C(1)$. Ponieważ stany 2, 3 i 4 są wszystkie w C , to

$$B_C(1) = p_{11}B_C(1) + p_{13}B_C(3) = \frac{1}{2}B_C(1) + \frac{1}{2}\times 1$$

to oznacza, że $B_C(1) = 1$.

4-3 Matryca Reprezentacja pochłaniania Prawdopodobieństwa

Załóżmy, że reprezentuje to $\{X_n\}$łańcuch Markova z przestrzenią stanu $S = \{1,2,\ldots,r,r+1,\ldots,r+s\}$ i matrycą prawdopodobieństwa przejścia P . Załóżmy, że łańcuch zawiera stany pochłaniania r i stany przejściowe s , które są reprezentowane odpowiednio w następujący sposób $C = \{1,2,\ldots,r\}$ $T = \{r+1,\ldots,r+s\}$ i w następujący sposób.

Dlatego matryca prawdopodobieństwa przejścia jest następująca:

$$P = \begin{bmatrix} I & O \\ R & Q \end{bmatrix}$$

gdzie znajduje się I matryca kolejności i $(r \times r)$ Q jest to matryca kolejności, która $(s-r) \times (s-r)$ jest opisana jako nieredukowalna i okresowa z jednym okresem i zawiera prawdopodobieństwo przejścia, gdzie p_{ij} $i, j \in T$. Ponadto, jest R matrycą niezerową z zamówieniem i $(s \times r)$ jest O matrycą zerową zamówienia $(r \times s)$.

Definicja (1)

W absorbującym łańcuchu Markova definiujemy matrycę N zerową w następujący sposób:

$$N = [I - Q]^{-1}$$

gdzie $[I - Q]^{-1}$ istnieje matryca inwerterów. Należy zwrócić uwagę na twierdzenie (5) zawarte w dodatku.

Jeśli przyjmiemy, że B_{ij} reprezentuje to prawdopodobieństwo, że proces rozpoczyna się w stanie powtarzalnym i, a kończy w stanie pochłaniającym, gdzie j $j = 1,2,\ldots,r$. Możemy zatem obliczyć z B_{ij} następujących równań liniowych:

$$B_{ij} = p_{ij} + \sum_{k \in T} p_{ik} B_{kj} \quad ; \quad i \in T, j \in C \tag{4}$$

$$P = \begin{array}{c} \\ 1 \\ 2 \\ 3 \\ 4 \\ 5 \end{array} \begin{array}{c} \begin{array}{ccccc} 1 & 2 & 3 & 4 & 5 \end{array} \\ \begin{bmatrix} 1 & 0 & 0 & 0 & 0 \\ 0 & 1 & 0 & 0 & 0 \\ 1/3 & 0 & 0 & 2/3 & 0 \\ 0 & 0 & 1/3 & 0 & 2/3 \\ 0 & 2/3 & 0 & 1/3 & 0 \end{bmatrix} \end{array}$$

zwracać uwagę na kogoś/coś

$$R = \begin{array}{c} 3 \\ 4 \\ 5 \end{array} \overset{\begin{array}{cc} 1 & 2 \end{array}}{\begin{bmatrix} 1/3 & 0 \\ 0 & 0 \\ 0 & 2/3 \end{bmatrix}} \quad Q = \begin{array}{c} 3 \\ 4 \\ 5 \end{array} \overset{\begin{array}{ccc} 3 & 4 & 5 \end{array}}{\begin{bmatrix} 0 & 2/3 & 0 \\ 1/3 & 0 & 2/3 \\ 0 & 1/3 & 0 \end{bmatrix}},$$

W takim razie matryca zerowa jest: N

$$N = \begin{array}{c} 3 \\ 4 \\ 5 \end{array} \overset{\begin{array}{ccc} 3 & 4 & 5 \end{array}}{\begin{bmatrix} 7/5 & 6/5 & 4/5 \\ 3/5 & 9/5 & 6/5 \\ 1/5 & 3/5 & 7/5 \end{bmatrix}}$$

Dlatego też prawdopodobieństwa absorpcji są podane w poniższej matrycy:

$$F = NR = \begin{array}{c} 3 \\ 4 \\ 5 \end{array} \overset{\begin{array}{cc} 1 & 2 \end{array}}{\begin{bmatrix} 7/15 & 8/15 \\ 1/5 & 4/5 \\ 1/15 & 14/15 \end{bmatrix}}$$

i F^* jest podana przez następującą matrycę:

$$F^* = \begin{array}{c} \\ 1 \\ 2 \\ 3 \\ 4 \\ 5 \end{array} \begin{array}{c} \begin{array}{ccccc} 1 & 2 & 3 & 4 & 5 \end{array} \\ \begin{bmatrix} 1 & 0 & 0 & 0 & 0 \\ 0 & 1 & 0 & 0 & 0 \\ 7/15 & 8/15 & 0 & 0 & 0 \\ 1/5 & 4/5 & 0 & 0 & 0 \\ 1/15 & 14/15 & 0 & 0 & 0 \end{bmatrix} \end{array}$$

4-4 Problemy ogólne

Problem (1)

Która z poniższych matryc jest absorbująca:

$$P_1 = \begin{bmatrix} 1/2 & 1/4 & 1/4 \\ 0 & 1 & 0 \\ 1/2 & 0 & 1/2 \end{bmatrix} P_2 = \begin{bmatrix} 1/2 & 1/2 & 0 \\ 1/2 & 1/2 & 0 \\ 1/4 & 1/4 & 1/2 \end{bmatrix}, \quad , P_3 = \begin{bmatrix} 0 & 0 & 1 \\ 1/2 & 0 & 1/2 \\ 0 & 1 & 0 \end{bmatrix}$$

Problem (2)

Udowodnij, że jeśli dałeś zerową matrycę dla N absorbującego łańcucha Markova, to jego odwrotność N^{-1} istnieje. Ponadto, udowodnij, że $Q = I - N^{-1}$.

Problem (3)

Udowodnij, że $NQ = N - I$.

Problem (4)

Znajdź matrycę zerową dla N absorbującego łańcucha Markova z następującą matrycą prawdopodobieństwa przejścia:

$$P = \begin{bmatrix} 1 & 0 & 0 \\ 0 & \frac{1}{2} & \frac{1}{2} \\ \frac{1}{2} & 0 & \frac{1}{2} \end{bmatrix}$$

Problem (5)

Jeśli pochłaniający łańcuch Markova zawiera tylko jeden stan pochłaniania, co możemy powiedzieć o matrycy F . Ponadto, znajdź matryce i N F dla macierzy przejścia w Problemie (4) i sprawdź swoje powiedzenie.

Problem (6)

Jeśli podany jest pewien łańcuch Markova z następującymi stanami, $\{0,1,\ldots,2m\}$ które mają następującą funkcję prawdopodobieństwa przejścia:

$$p_{ij}=\binom{2m}{j}\left(\frac{i}{2m}\right)^{j}\left(1-\frac{i}{2m}\right)^{2m-j}$$

Dowiedz się gdzie $B_{\{0\}}(i)$ $0<i<2m$.

Problem (7)

Jeśli podałeś następującą matrycę przejścia:

$$\begin{array}{c} \\ 0\\1\\2\\3\\4\\5\end{array}\begin{array}{c}\begin{array}{cccccc}0&1&2&3&4&5\end{array}\\ \begin{bmatrix} \frac{1}{2} & \frac{1}{2} & 0 & 0 & 0 & 0\\ \frac{2}{3} & \frac{1}{3} & 0 & 0 & 0 & 0\\ 0 & 0 & \frac{1}{8} & 0 & \frac{7}{8} & 0\\ \frac{1}{4} & \frac{1}{4} & 0 & 0 & \frac{1}{4} & \frac{1}{4}\\ 0 & 0 & \frac{3}{4} & 0 & \frac{1}{4} & 0\\ 0 & \frac{1}{5} & 0 & \frac{1}{5} & \frac{1}{5} & \frac{2}{5} \end{bmatrix}\end{array}$$

(i) Czy istnieją jakieś stany pochłaniania.

(ii) Czy istnieją jakieś absorbujące pod-materie.

(iii) Znajdź prawdopodobieństwa absorpcji.

Problem (8)

Jeśli łańcuch Markova jest podany z następującą macierzą prawdopodobieństwa przejścia:

$$P = \begin{matrix} & \begin{matrix} 1 & 2 & 3 & 4 & 5 \end{matrix} \\ \begin{matrix} 1 \\ 2 \\ 3 \\ 4 \\ 5 \end{matrix} & \begin{bmatrix} 1 & 0 & 0 & 0 & 0 \\ 0 & \frac{1}{2} & \frac{1}{2} & 0 & 0 \\ 0 & \frac{1}{3} & \frac{2}{3} & 0 & 0 \\ \frac{1}{4} & 0 & \frac{1}{4} & 0 & \frac{1}{2} \\ 0 & \frac{1}{3} & \frac{1}{3} & 0 & \frac{1}{3} \end{bmatrix} \end{matrix}$$

(i) Czy są jakieś stany absorpcji w P .

(ii) Czy są jakieś absorbujące pod-materie w P .

(iii) Znajdź następujące chłonne prawdopodobieństwa:

(a) $B_{\{0\}}(4)\ B_{\{0\}}(5).$,

(b) $B_{\{2,3\}}(4)\ B_{\{2,3\}}(5).$,

Problem (9)

Jeśli łańcuch Markova jest podany z następującą macierzą prawdopodobieństwa przejścia:

$$
\begin{array}{c} \\ 0 \\ 1 \\ 2 \\ 3 \\ 4 \\ 5 \end{array}
\begin{array}{c}
\begin{array}{cccccc} 0 & 1 & 2 & 3 & 4 & 5 \end{array} \\
\begin{bmatrix}
1 & 0 & 0 & 0 & 0 & 0 \\
0 & 1 & 0 & 0 & 0 & 0 \\
0 & 0 & 1 & 0 & 0 & 0 \\
1/3 & 0 & 1/3 & 0 & 1/3 & 0 \\
1/6 & 1/6 & 1/6 & 1/6 & 1/6 & 1/6 \\
0 & 1/4 & 0 & 1/4 & 1/4 & 1/4
\end{bmatrix}
\end{array}
$$

Odpowiedz na poniższe pytania:

(i) Jaki jest zbiór stanów powtarzających się i zbiór stanów nieustalonych, określa również stany absorbujące w nim.

(ii) Znajdź matrycę zerową N .

(iii) Obliczyć prawdopodobieństwa absorpcji przy użyciu matrycy zerowej.

(iv) Znajdź matrycę F^*.

(v) Udowodnij, że $PF^* = F^*$.

Rozdział 5

Stacjonarność w łańcuchach Markova

5-1 Dystrybucje stacjonarne

Załóżmy, gdzie $\{X_n\}$przedstawia $n = 0,1,2,\ldots$ się łańcuch Markova z przestrzenią stanu i $S = \{1,2,\ldots,m\}$matrycą prawdopodobieństwa przejścia P .

Rozkład prawdopodobieństwa X_0 nazywany jest *rozkładem początkowym* i oznaczany jest przez $\vec{\pi}_0$. W takim $\vec{\pi}_0 = \{\pi_{10},\ldots,\pi_{m0}\}$ razie tak:

$$\pi_{i0} \geq 0 \quad ; \quad i = 1,\ldots,m$$

oraz

$$\sum_{i=1}^{m} \pi_{i0} = 1$$

Ponadto, rozkład prawdopodobieństwa dla X_n i jest oznaczony $\vec{\pi}_n$ takim rozkładem:

$$\vec{\pi}_n' = \vec{\pi}_0' P^n \quad ; \quad n = 1,2,\ldots \tag{1}$$

Dlatego rozkład prawdopodobieństwa $\vec{\pi}$ na przestrzeni stanu S nazywany jest *rozkładem stacjonarnym* dla łańcucha Markova, jeżeli spełniona jest następująca zależność:

$$\vec{\pi}' = \vec{\pi}' P \tag{2}$$

gdzie $\vec{\pi}' = (\pi_1,\ldots,\pi_m)$, i

$$\pi_i \geq 0 \quad ; \quad i = 1,\ldots,m$$

Również

$$\sum_{i=1}^{m} \pi_i = 1$$

Przykład (1)

Znajdź stacjonarne rozkłady dla każdej z następujących sieci Markov:

(i) $\begin{bmatrix} 2/3 & 1/3 \\ 2/3 & 1/3 \end{bmatrix}$ (ii) ($\begin{bmatrix} 1/2 & 1/4 & 1/4 \\ 1/4 & 1/2 & 1/4 \\ 1/4 & 1/4 & 1/2 \end{bmatrix}$ iii) $\begin{bmatrix} 1/4 & 1/4 & 1/2 \\ 0 & 2/3 & 1/3 \\ 3/4 & 1/4 & 0 \end{bmatrix}$

(i) Możemy napisać następujące równania liniowe:

$$\pi_1 = 2/3\,\pi_1 + 2/3\,\pi_2$$

$$\pi_2 = 1/3\,\pi_1 + 1/3\,\pi_2$$

$$\pi_1 + \pi_2 = 1$$

Rozwiązując te równania, stwierdzamy, że rozkład stacjonarny jest następujący:

$$\vec{\pi}' = (2/3, 1/3)$$

(ii)Poprzez rozwiązanie następujących równań liniowych:

$$\pi_1 = 1/2\,\pi_1 + 1/4\,\pi_2 + 1/4\,\pi_3$$

$$\pi_2 = \tfrac{1}{4}\pi_1 + \tfrac{1}{2}\pi_2 + \tfrac{1}{4}\pi_3$$

$$\pi_3 = \tfrac{1}{4}\pi_1 + \tfrac{1}{4}\pi_2 + \tfrac{1}{2}\pi_3$$

$$\pi_1 + \pi_2 + \pi_3 = 1$$

stwierdzamy, że rozkład stacjonarny $\vec{\pi}$ jest następujący:

$$\vec{\pi}' = \left(\tfrac{1}{3}, \tfrac{1}{3}, \tfrac{1}{3}\right)$$

(iii) Poprzez rozwiązanie następujących równań liniowych:

$$\pi_1 = \tfrac{1}{4}\pi_1 + \tfrac{3}{4}\pi_3$$

$$\pi_2 = \tfrac{1}{4}\pi_1 + \tfrac{2}{3}\pi_2 + \tfrac{1}{4}\pi_3$$

$$\pi_3 = \tfrac{1}{2}\pi_1 + \tfrac{1}{3}\pi_2$$

$$\pi_1 + \pi_2 + \pi_3 = 1$$

stwierdzamy, że rozkład stacjonarny $\vec{\pi}$ jest następujący:

$$\vec{\pi}' = \left(\tfrac{2}{7}, \tfrac{3}{7}, \tfrac{2}{7}\right)$$

Przykład (2)

Jeśli weźmiemy łańcuch Markova znajdujący się w Przykładzie (5) w rozdziale 1

$$P = \begin{array}{c} \\ A \\ B \\ C \end{array} \begin{array}{c} \begin{array}{ccc} \scriptstyle A & \scriptstyle B & \scriptstyle C \end{array} \\ \begin{bmatrix} 0 & 1 & 0 \\ 0 & 0 & 1 \\ 0.5 & 0.5 & 0 \end{bmatrix} \end{array}$$

zauważamy, że rozkład stacjonarny dla matrycy jest:

$$\vec{\pi}' = \left(\tfrac{1}{5}, \tfrac{2}{5}, \tfrac{2}{5} \right)$$

Oznacza to, że w dłuższej perspektywie czasowej, A weźmiemy piłkę 20% razy, podczas gdy obie i B C weźmiemy piłkę 40% razy.

Przykład (3)

Jeśli weźmiemy łańcuch Markova znajdujący się w Przykładzie (4) w rozdziale 1

$$P = \begin{array}{c} \\ 0 \\ 1 \end{array} \begin{array}{c} \begin{array}{cc} \scriptstyle 0 & \scriptstyle 1 \end{array} \\ \begin{bmatrix} 0.3 & 0.7 \\ 0.4 & 0.6 \end{bmatrix} \end{array}$$

stwierdzamy, że rozkład stacjonarny dla matrycy jest P

$$\vec{\pi}' = (0.364 \;,\; 0.636)$$

Oznacza to, że w dłuższej perspektywie czasowej uczeń będzie pamiętał swoje lekcje 36,4% razy, a nie pamięta 63,6% razy.

Skończone Łańcuchy Markowa często mają stacjonarne rozmieszczenie. Jeżeli łańcuch jest nieredukowalny, to zawiera pojedynczy rozkład stacjonarny, a każdy rozkład stacjonarny posiada zerowe prawdopodobieństwo wystąpienia stanów nieustalonych, tj. :

$$\pi_i = 0 \text{ dla każdego } i \in T$$

gdzie znajduje się T zbiór stanów nieustalonych, jak wcześniej zdefiniowano.

Aby udowodnić, że niektóre łańcuchy Markova mają więcej niż jeden rozkład stacjonarny, przyjmujemy łańcuch z następującą matrycą prawdopodobieństwa przejścia:

$$P = \begin{bmatrix} P_1 & O \\ O & P_2 \end{bmatrix}$$

gdzie znajduje P_1 się pod-matryca porządku, jak $(m_1 \times m_1)$ również P_2 pod-matryca porządku $(m_2 \times m_2)$, a oba są nieredukowalne.

Dwie pod-matryce i P_1 P_2 mają dwa P_2 pojedyncze rozkłady stacjonarne i $\vec{\beta}_1$ $\vec{\beta}_2$ odpowiednio. W związku z tym, jak $\vec{\pi}_1' = [\vec{\beta}_1', \vec{0}']$ również tam, gdzie $\vec{\pi}_2' = [\vec{0}', \vec{\beta}_2']$ reprezentują dwa $\vec{0}'$ zerowe wektory obu składników i m_1 m_2 odpowiednio, są dwa stacjonarne rozkłady dla łańcucha Markov P.

Ponadto $0 < \alpha < 1$ dla każdego z nich istnieje nieskończona liczba stacjonarnych rozkładów, a zatem $\alpha\vec{\pi}_1 + (1-\alpha)\vec{\pi}_2$ jest to nieskończona liczba rozkładów stacjonarnych.

Przykład (4)

Weźmy pod uwagę łańcuch Markova z następującą matrycą prawdopodobieństwa przejścia:

$$\begin{array}{c} \\ 0 \\ 1 \\ 2 \\ 3 \\ 4 \\ 5 \end{array}\begin{array}{c} \begin{array}{cccccc} 0 & 1 & 2 & 3 & 4 & 5 \end{array} \\ \begin{bmatrix} 1 & 0 & 0 & 0 & 0 & 0 \\ \frac{1}{4} & \frac{1}{2} & \frac{1}{4} & 0 & 0 & 0 \\ 0 & \frac{1}{5} & \frac{2}{5} & \frac{1}{5} & 0 & \frac{1}{5} \\ 0 & 0 & 0 & \frac{1}{6} & \frac{1}{3} & \frac{1}{2} \\ 0 & 0 & 0 & \frac{1}{2} & 0 & \frac{1}{2} \\ 0 & 0 & 0 & \frac{1}{4} & 0 & \frac{3}{4} \end{bmatrix} \end{array}$$

aby znaleźć rozkład stacjonarny, zauważamy, że stan $\{0\}$jest stanem pochłaniającym, i $\{3,4,5\}$są to stany powtarzające się.

Oznacza to, że rozkład stacjonarny, który się w nim skoncentrował, $\{0\}$jest podawany przez:

$$\vec{\pi}_1' = (1,0,0,0,0,0)$$

Również rozkład stacjonarny, który koncentruje się w zestawie, $\{3,4,5\}$uzyskuje się poprzez zastosowanie roztworu następujących równań liniowych:

$$\pi_3 = \tfrac{1}{6}\pi_3 + \tfrac{1}{2}\pi_4 + \tfrac{1}{4}\pi_5$$

$$\pi_4 = \tfrac{1}{3}\pi_3$$

$$\pi_5 = \tfrac{1}{2}\pi_3 + \tfrac{1}{2}\pi_4 + \tfrac{3}{4}\pi_5$$

$$\pi_3 + \pi_4 + \pi_5 = 1$$

po rozwiązaniu tych równań liniowych, dostaniemy:

$$\pi_3 = \tfrac{1}{4}\ \pi_4 = \tfrac{1}{12}\ ,\ ,\pi_5 = \tfrac{2}{3}$$

więc stacjonarna dystrybucja jest:

$$\vec{\pi}_2' = (0,0,0,\tfrac{1}{4},\tfrac{1}{12},\tfrac{2}{3})$$

Ponadto, można powiedzieć, że istnieje nieskończona liczba rozkładów stacjonarnych, jeśli zastosujemy następującą zależność:

$$\alpha\vec{\pi}_1 + (1-\alpha)\vec{\pi}_2$$

dla wszystkich wartości $0 < \alpha < 1$.

Jeśli założymy, że rozkład stacjonarny $\vec{\pi}$ istnieje taki:

$$\lim_{n\to\infty} p_{ij}^{(n)} = \pi_j \quad , \quad i, j \in S \quad (3)$$

w związku z tym jest to $\vec{\pi}$ również pojedyncza dystrybucja absorbująca

$$\vec{\pi}_n' = \vec{\pi}_0' P^n$$

$\vec{\pi}$ zbliżając się n do nieskończoności. Bez względu na początkowy rozkład $\vec{\pi}_0$. W tym przypadku możemy powiedzieć, że rozkład stacjonarny $\vec{\pi}$ można uzyskać, wykorzystując granicę prawdopodobieństwa przejścia, a także nazywamy go $\vec{\pi}$ *rozkładem stacjonarnym*. Ponadto, łańcuchy Markova, które charakteryzują się tą właściwością, są również nazywane *łańcuchami ergotycznymi*.

Załóżmy, że oznacza to m_i oczekiwany czas powrotu do i stanu Łańcucha Markowa zaczynającego się od tego samego stanu i, tzn. $(X_0 = i)$ określonego w sekcji 3-3 rozdziału 3.

Jeśli założymy, że reprezentuje to $X_{ij}^{(n)}$ liczbę wizyt w stanie w j n czasie, jeśli łańcuch zaczyna się od stanu i. Następnie, ilość

$$\lim_{n\to\infty} \frac{E\left(X_{ij}^{(n)}\right)}{n}$$

nazywany jest *ograniczającym średnim wskaźnikiem* liczby wizyt w stanie, jeśli j łańcuch rozpoczyna się od stanu w i czasie n.

Jeśli C jest to zestaw zamknięty i nieredukowalny, jak również zawiera stany powtarzające się, wówczas

$$\lim_{n\to\infty} \frac{E\left(X_{ij}^{(n)}\right)}{n} = \frac{1}{m_j} = \pi_j \quad ; \quad i, j \in C \tag{4}$$

W tym przypadku, gdy łańcuchy Markova są nieredukowalne i aperiodyczne, $(d = 1)$ wszystkie trzy poprzednie interpretacje rozkładów stacjonarnych są po stronie monety.

Twierdzenie (1)

Niech będzie to $\{X_k\}, k > 0$ skończony łańcuch Markova, który jest nieredukowalny i aperiodyczny z przestrzenią stanu $(d = 1)$ S, wtedy unikalny rozkład stacjonarny $\vec{\pi}$ można uzyskać przy użyciu granicznego prawdopodobieństwa przejścia i granicznego średniego stosunku do liczby wizyt, tj.

$$\lim_{n\to\infty} p_{ij}^{(n)} = \lim_{n\to\infty} \frac{E\left(X_{ij}^{(n)}\right)}{n} = \frac{1}{m_j} = \pi_j \quad , \quad i, j \in S$$

(c.f. Hoel, Port and Stone (1972), s. 59, 64, 73).

W związku z tym dla tego twierdzenia możemy uzyskać następujące uwagi:

1. Zakładamy, że proces rozpoczyna się od stanu i, co oznacza, że początkowy rozkład jest skoncentrowany w stanie i. W przeciwnym razie powinniśmy rozważyć $\vec{\pi}_0$. Ale to jest łatwe do wykazania; zgodnie z założeniami twierdzenia (1), że:

$$\lim_{n\to\infty} \sum_{i=1}^{m} \pi_{i0} p_{ij}^{(n)} = \lim_{n\to\infty} \sum_{i=1}^{m} \pi_{i0} \frac{E\left(X_{ij}^{(n)}\right)}{n} = \frac{1}{m_j} = \pi_j \quad , \quad j \in S$$

Zostawimy dowód jako ćwiczenie dla czytelnika.

2. Innym sposobem interpretacji $\pi_j = \dfrac{1}{m_j}$ jest oczekiwana proporcja czasu, jaki proces ten spędza w stanie (por. j Karlin i Taylor (1975), s. 85).

3. Jeśli łańcuch jest nieredukowalny, okresowy z kropką d, wtedy rozkład stacjonarny jest nadal unikalny, ale sekwencja $p_{ij}^{(n)}$ nie jest generalnie zbieżna. Dla każdej pary i, j stanów S jest taka liczba całkowita r, $0 \leq r < d$, że podciąg $p_{ij}^{(md+1)}$ jest zbieżny dla jakiejś liczby całkowitej nieujemnej m i mamy

(i) $$\lim_{m \to \infty} p_{ij}^{(md+r)} = d\pi_j$$

(ii) $$\lim_{n \to \infty} \frac{E\left(X_{ij}^{(n)}\right)}{n} = \frac{d}{m_j} = d\pi_j$$

Przykład (5)

Znajdź przybliżone zachowanie matrycy dla P^n następujących macierzy przejściowych:

$$\sum_{i=1}^{m} p_{ij} = 1$$

W tego typu matrycach możemy rozpoznać stacjonarne rozmieszczenie po wizji.

Również w przypadku, gdy podwójna matryca jest nieredukowalna, posiadająca skończoną przestrzeń stanów i zawierająca stany m, wówczas rozkład stacjonarny jest podany przez następującą zależność:

$$\pi_i = \frac{1}{m} \quad ; \qquad i \in S$$

Przykład (6)

Jeśli podamy następującą macierz prawdopodobieństwa przejścia:

$$\begin{bmatrix} 0.2 & 0.3 & 0.1 & 0.4 \\ 0.3 & 0.1 & 0.4 & 0.2 \\ 0.1 & 0.4 & 0.2 & 0.3 \\ 0.4 & 0.2 & 0.3 & 0.1 \end{bmatrix}$$

Zauważamy, że matryca ta jest matrycą podwójnie stochastyczną, i od tego czasu $m = 4$ $\pi_i = \frac{1}{4}$ dla wszystkich wartości i. Dlatego rozkład stacjonarny w tym przypadku jest podany przez

$$\vec{\pi}' = \left(\tfrac{1}{4}, \tfrac{1}{4}, \tfrac{1}{4}, \tfrac{1}{4}\right)$$

zwróć również uwagę na część (ii) w przykładzie (1).

5-3 Właściwości dystrybucji stacjonarnych

Załóżmy, że gdzie $\{X_n\}$reprezentuje $n = 0,1,2,\ldots$ łańcuch Markova z przestrzenią stanu i $S = \{1,2,\ldots,m\}$matrycą prawdopodobieństwa przejścia P. Zakłada się, że$\vec{\pi}_0$ reprezentuje on również wstępny rozkład tego łańcucha, jak również jego rozkład $\vec{\pi}$ stacjonarny. Dzięki naszym badaniom rozkładów stacjonarnych, możemy te właściwości podsumować w następujący sposób:

Właściwość 1

Jeśli n jest za duży, to dostajemy:

$$\sum_{i=1}^{m} \pi_i p_{ij}^{(n)} = \pi_j \quad , \quad j \in S \quad (5)$$

Aby udowodnić równanie (5), zauważamy to:

$$\sum_{i=1}^{m} \pi_i p_{ij}^{(2)} = \sum_{i=1}^{m} \pi_i \sum_{k=1}^{m} p_{ik} p_{kj}$$

$$= \sum_{k=1}^{m} \left(\sum_{i=1}^{m} \pi_i p_{ik} \right) p_{kj}$$

$$= \sum_{k=1}^{m} \pi_k p_{kj} = \pi_j$$

Ponadto, poprzez indukcję matematyczną i w oparciu o następujące równanie

$$p_{ij}^{(n+1)} = \sum_{k=1}^{m} p_{ik}^{(n)} p_{kj}$$

otrzymujemy wtedy równanie (5).

Nieruchomość 2

Dystrybucja nie zależy $\vec{\pi}_n$ X_n od tego, n czy i tylko od tego, czy dystrybucja początkowa jest $\vec{\pi}_0$ dystrybucją stacjonarną, to znaczy:

$$\vec{\pi}_n = \vec{\pi} \text{ wtedy i tylko wtedy, gdy } \vec{\pi}_0 = \vec{\pi}$$

Załóżmy, że ma X_0 rozkład stacjonarny, więc $\vec{\pi}$ jeśli jest n zbyt duży, to równanie (5) zawiera to:

$$P(X_n = j) = \pi_j \quad , \quad j \in S \quad (6)$$

Oznacza to, że dystrybucja nie zależy X_n od n . Przeciwnie, jeśli założymy, że X_n nie zależy to n od początkowego rozkładu $\vec{\pi}_0$, zrobimy to

$$\pi_{j0} = P(X_0 = j) = P(X_1 = j) = \sum_{i=1}^{m} \pi_{i0} p_{ij}$$

W związku z tym, jest to $\vec{\pi}_0$ dystrybucja stacjonarna.

Nieruchomość 3

Niezależnie od rozkładu początkowego, jeżeli n jest on zbyt duży, to rozkład $\vec{\pi}_n$ dla niego jest w X_n przybliżeniu równy rozkładowi stacjonarnemu $\vec{\pi}$.

$$\lim_{n\to\infty} \vec{\pi}_n = \vec{\pi} \quad (7)$$

Załóżmy więc, że istnieje równanie (3):

$$P(X_n = j) = \sum_{i=1}^{m} \pi_{i0} p_{ij}^{(n)}$$

Wykorzystując twierdzenia o konwergencji i przyjmując duże rozmiary n, otrzymujemy:

$$\lim_{n\to\infty} P(X_n = j) = \sum_{i=1}^{m} \pi_{i0} \pi_j$$

a ponieważ

$$\sum_{i=1}^{m} \pi_{i0} = 1$$

następnie

$$\lim_{n\to\infty} P(X_n = j) = \pi_j$$

to znaczy, że otrzymujemy

$$\lim_{n\to\infty} \vec{\pi}_n = \vec{\pi}$$

Nieruchomość 4

Wyobraźmy sobie, że dany system jest opisany przez łańcuch Markova z funkcją prawdopodobieństwa przejścia P i z rozkładem stacjonarnym $\vec{\pi}$

.

Jeśli zaczniemy obserwować system po jakimś n_0 czasie. Zauważamy więc, że tam, gdzie $\{Y_n\}$ $n = 0,1,2,\ldots$ tak jest:

$$Y_n = X_{n+n_0} \quad ; \quad n = 0,1,2,\ldots$$

Seria zmiennych losowych tworzy również $\{Y_n\}$łańcuch Markova z przejściową funkcją prawdopodobieństwa P. Aby znaleźć unikalny stacjonarny rozkład zdarzeń opisanych w łańcuchu $\{Y_n\}$, musimy najpierw znać jego początkowy rozkład, który jest tym samym rozkładem X_{n_0}.

W większości praktycznych zastosowań, mamy trudności z uzyskaniem tej dystrybucji w całości. Dlatego nie ma innego wyboru jak tylko założyć, że ma $\{Y_n\}$rozkład stacjonarny dla $\vec{\pi}$ swojego rozkładu $\vec{\pi}_0$ początkowego, a hipoteza ta jest cenna w przypadku osiągnięcia równania (3) i kiedy n_0 jest bardzo duża.

Przykład (7)

Wyobraź sobie dwa pojemniki I i II i oba zawierają białą i czerwoną kulę. Jedna kulka została wyciągnięta w tym samym czasie z każdego z pojemników i umieszczona w drugim. Załóżmy, że prawdopodobieństwo posiadania dwóch bil białych lub jednej bil czerwonej i jednej bil białej lub dwóch bil czerwonych w pojemniku jest, odpowiednio, q_n p_n r_n i. Po tym jak poprzednia procedura została powtórzona wielokrotnie $n+1$, znajdź formułę, która wyraża , q_{n+1} oraz p_{n+1} r_{n+1} w kategoriach q_n, oraz p_n r_n . Udowodnić to q_n i p_n r_n podejść do pewnych wartości n, zbliżając się do nieskończoności, interpretować te wartości?

W tym przykładzie zauważamy, że istnieje trójpaństwowa sieć Markov. Załóżmy, że jest $S = \{1,2,3\}$

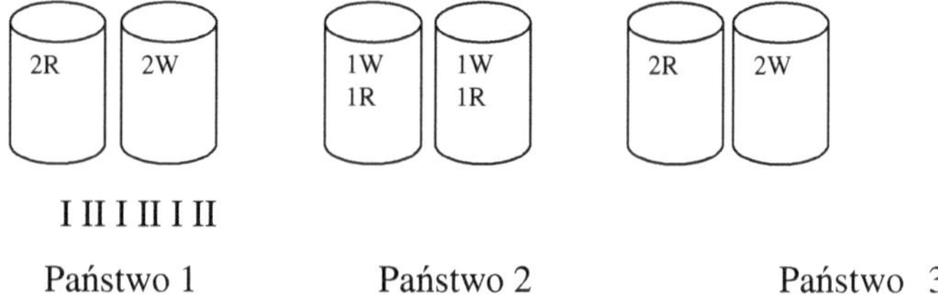

Państwo 1 Państwo 2 Państwo 3

Dlatego też, możemy skonstruować matrycę prawdopodobieństwa przejścia w następujący sposób:

$$P = \begin{bmatrix} 0 & 1 & 0 \\ \frac{1}{4} & \frac{1}{2} & \frac{1}{4} \\ 0 & 1 & 0 \end{bmatrix}$$

Niech $\vec{\pi}_n$ przedstawia wektor w następujący sposób:

$$\vec{\pi}'_n = (p_n, q_n, r_n)$$

Stąd

$$\vec{\pi}'_{n+1} = \vec{\pi}'_n P$$

gdzie

$$\vec{\pi}'_{n+1} = (p_{n+1}, q_{n+1}, r_{n+1})$$

$$\vec{\pi}'_{n+1} = [p_n, q_n, r_n] \begin{bmatrix} 0 & 1 & 0 \\ \frac{1}{4} & \frac{1}{2} & \frac{1}{4} \\ 0 & 1 & 0 \end{bmatrix} = \left[\frac{q_n}{4}, p_n + \frac{q_n}{2} + r_n, \frac{q_n}{4} \right]$$

To znaczy...

$$p_{n+1} = \frac{q_n}{4} \text{ i } q_{n+1} = p_n + \frac{q_n}{2} + r_n \; r_{n+1} = \frac{q_n}{4}$$

Gdy zbliżamy n się do nieskończoności, oznacza to, że wartości te osiągają stadium statyczne, co oznacza również, że znajdziemy rozkład stacjonarny dla macierzy P . To znaczy...

$$\lim_{n \to \infty} \vec{\pi}_n = \vec{\pi}$$

Gdzie

$$\vec{\pi}' = \left(\tfrac{1}{6}, \tfrac{4}{6}, \tfrac{1}{6}\right)$$

5-4 Dystrybucje quasi-państwowe

Pochłanianie łańcuchów Markova pojawia się w badaniach w postaci modeli procesów w medycynie, naukach przyrodniczych i innych dziedzinach nauki. Na przykład, stan wchłaniający może oznaczać zanik pewnego elementu lub zjawiska w społeczeństwie.

W tych przypadkach rozważamy badanie zachowania się procesu poprzez stany przejściowe. Prowadzi to do badania tego typu łańcuchów absorbujących Markova, tak że absorpcja jeszcze nie nastąpiła.

5-4-1 Łańcuchy Markova posiadające jedno państwo absorbujące

Załóżmy, że łańcuch Markova, w którym $\{X_n\}$znajduje się $n = 0,1,2,\ldots$ przestrzeń stanu $S = \{1,2,\ldots,m\}$, w której stan 1 jest stanem pochłaniającym, a macierz prawdopodobieństwa przejścia P jest podana w następujący sposób:

$$P=\begin{pmatrix} 1 & \vec{o}' \\ \vec{p}_0 & Q \end{pmatrix} \quad ; \quad \vec{p}_0 \neq \vec{0} \quad (8)$$

gdzie Q jest kwadratowa pod-matryca porządku, jak $(m-1)\times(m-1)$ również i $\vec{p}_0$ oba $\vec{0}$ są wektorami porządku $(m-1)\times 1$. Przy założeniu, że matryca jest Q nieredukowalna i okresowa z $d=1$ jednym okresem, zauważamy, że stany przejściowe są $T=\{2,3,\ldots,m\}$.

Ponieważ stany pochłaniające, które są reprezentowane przez zero prawdopodobieństw w jakimkolwiek rozkładzie stacjonarnym, to unikalny rozkład stacjonarny dla macierzy prawdopodobieństwa wynosi P

$$\vec{\pi}'=(1,0,\cdots,0)$$

Jeżeli czas absorpcji dla zbioru stanów nieustalonych T jest zbyt długi, to rozkład prawdopodobieństwa o T różnych porach jest n czasami nazywany *rozkładem quasi-stacjonarnym.*

Trzy różne miejsca dla dystrybucji stacjonarnej znajdują się w twierdzeniu (1).

Warunkowe dystrybucje stacjonarne

Ta niezależność od ∈ wyraża, że warunkowy rozkład stacjonarny, można znaleźć w każdej dystrybucji około przez T odpowiedni dobór wektora takiego $\vec{\alpha}'$:

$$\vec{a}(\vec{\alpha}) = \vec{z} \text{ jeśli } \vec{\alpha}' = \frac{\vec{z}'[I - Q]}{\vec{z}'[I - Q]\vec{e}}$$

tak że $\vec{z}'[I - Q]\vec{e} \neq 0$.

Warunkowy rozkład stacjonarny nie może być wyjaśniony przez graniczne prawdopodobieństwa przejścia, jak również przez graniczny wskaźnik środków.

Stacjonarne dystrybucje warunkowe

W łańcuchu nieredukowalnym, jeżeli rozkład prawdopodobieństwa X_n jest reprezentowany przez wektor to $\vec{\pi}_n$:

$$\vec{\pi}'_{n+1} = \vec{\pi}'_n P$$

Jeśli jest $\vec{\pi}_n$ to stacjonarny rozkład macierzy P , wtedy $\vec{\pi}_{n+1} = \vec{\pi}_n = \vec{\pi}$, i przez zastosowanie tego zawiadomienia na łańcuchach absorbujących, zakładając, że reprezentuje $[q_0(n), \vec{q}'(n)]$ on rozkład prawdopodobieństwa na X_n stanach m w n czasie. Również, jeśli jest to dystrybucja stacjonarna, wtedy:

$$[q_0(n+1), \vec{q}'(n+1)] = [q_0(n), \vec{q}'(n)]P \quad (10)$$

Jeśli rozkład warunkowy jest zdefiniowany w następujący sposób:

$$\vec{d}(n) = \frac{\vec{q}'(n)}{1 - q_0(n)}$$

wówczas stacjonarny rozkład warunkowy można uzyskać za pomocą równania (10), takiego jak

$$\vec{d} = \vec{b} \quad (11)$$

gdzie znajduje $\vec{b}$ się lewy wektor macierzowy, taki jak zgodnie $\left(\sum_{j \in T} b_j = 1\right)$ z twierdzeniem (1) w dodatku dotyczącym wartości własnej ρ_1 macierzy Q .

Stacjonarny rozkład warunkowy ma również wyjaśnienie w postaci ograniczającego prawdopodobieństwa przejścia:

Jeśli założymy, że proces ma wstępny rozkład około $\vec{\pi}_0$ T . Następnie prawdopodobieństwo, że absorpcja nastąpi po upływie n czasu pod warunkiem, że proces jest nadal w zestawie T :

$$\sum_{i \in T} \pi_{i0} p_{i1}^{(n)}$$

Warunkowe prawdopodobieństwo, że proces w stanie w j n czasie jest równy:

$$\frac{\sum_{i \in T} \pi_{i0} p_{ij}^{(n)}}{\sum_{i \in T} \pi_{i0} \left(1 - p_{i1}^{(n)}\right)}$$

Ponieważ matryca jest Q regularna, jak również $Q^n = [p_{ij}^{(n)}]$ dla każdego z nich $i, j \in T$, przy użyciu twierdzenia (2) w dodatku:

$$p_{ij}^{(n)} = \rho_1^n c_i b_j + O\left(n^{m_2 - 1} |\rho_2|^n\right)$$

gdzie i $\{c_j\}_{j \in T}$ gdzie znajdują się $\{b_j\}_{j \in T}$ odpowiednio prawe i lewe wektory własne dla macierzy, w odniesieniu do Q takich: ρ_1

$$\sum_{j \in T} b_j c_j = 1$$

dlatego to zauważamy:

$$\frac{\sum_{i\in T}\pi_{i0}p_{ij}^{(n)}}{\sum_{i\in T}\pi_{i0}\left(1-p_{i1}^{(n)}\right)}=b_j+O\left(n^{m_2-1}\left(\frac{|\rho_2|}{\rho_1}\right)^n\right) \quad (12)$$

więc dostajemy:

$$\lim_{n\to\infty}\frac{\sum_{i\in T}\pi_{i0}p_{ij}^{(n)}}{\sum_{i\in T}\pi_{i0}\left(1-p_{i1}^{(n)}\right)}=b_j \quad (13)$$

również równanie (12) może być zapisane w następujący sposób:

$$P\left(X_n=j\mid X_n\in T\right)=b_j+O\left(n^{m_2-1}\left(\frac{|\rho_2|}{\rho_1}\right)^n\right)$$

Dlatego stacjonarna dystrybucja warunkowa jest dystrybucją quasi-stacjonarną. Tak więc, nazywa się $\{b_j\}_{j\in T}$ to *dystrybucją quasi-stacjonarną.*

Stosunek środków do średnich

Jeśli proces rozpoczyna się w stanie w $i \in T$ czasie 0. Załóżmy, że jest $Y_{ij}^{(n)}$ równy 1 jeśli proces jest w stanie j lub równy 0 jeśli proces nie istnieje w stanie w j czasie n .

Z tego powodu:

$$Y_{ij}^{(0)} = \delta_{ij}$$

gdzie δ_{ij} nazywa się delta Kroneckera.

Ponadto, jeśli to założymy:

$$X_{ij} = \sum_{n=0}^{\infty} Y_{ij}^{(n)} \quad \text{oraz} \quad X_i = \sum_{j \in T} X_{ij}$$

gdzie

X_{ij} : całkowita liczba wizyt do stanu przed wchłonięciem. I

X_i : wymagany czas do wchłonięcia.

Interpretacja prawdopodobieństwa przejścia poprzez uznanie go za oczekiwany stosunek czasu, jaki upłynął (j patrz uwaga (2) w twierdzeniu (1)). Otrzymujemy te sugerowane stacjonarne dystrybucje do absorpcji łańcuchów Markova:

(i) Stosunek procentowy środków

$$v_j(\vec{\pi}_0) = \frac{\sum_{i \in T} \pi_{i0} E(X_{ij})}{\sum_{i \in T} \pi_{i0} E(X_i)}$$

i od tego czasu $[E(X_{ij})] = [I - Q]^{-1}$, otrzymujemy co następuje:

$$\vec{v}(\vec{\pi}_0) = \frac{\vec{\pi}_0'[I - Q]^{-1}}{\vec{\pi}_0'[I - Q]^{-1}\vec{e}} \quad (14)$$

(ii) Średni stosunek

$$w_j(\vec{\pi}_0) = \sum_{i \in T} \pi_{i0} E\left(\frac{X_{ij}}{X_i}\right) \quad (15)$$

Te dwa dystrybucje zależą od dystrybucji wstępnej $\vec{\pi}_0$. Jeśli porównamy to $\vec{v}$ z warunkowym rozkładem $\vec{a}$ stacjonarnym, zauważymy, $\vec{v}(\vec{\pi}_0) = \vec{a}(\vec{\pi}_0)$ że jest $\vec{v}$ to rozkład stacjonarny dla macierzy, $P(\in, \vec{\pi}_0)$ choć nie ma $\vec{w}$ innego wytłumaczenia.

Dystrybucja quasi-stacjonarna produktów

Po pierwsze: Rozkład stacjonarny w nieredukowalnym i okresowym z jednookresowym łańcuchem Markova jest również podany przez limit stosunku czasu, jaki upłynął w stanach łańcuchowych. To znaczy:

$$\pi_j = \lim_{n\to\infty}\sum_{i=1}^{m}\pi_{i0}\frac{E\left(X_{ij}^{(n)}\right)}{n} \tag{16}$$

(patrz uwaga (1) w twierdzeniu (1)).

Do absorpcji łańcuchów Markova, staje się czas n umykający w stanach przejściowych przed absorpcją. Więc, jest to zmienna losowa. Następnie mają następujące sugestie:

(i) Ograniczenie warunkowego średniego współczynnika

$$\lim_{n\to\infty}\sum_{i\in T}\pi_{i0}E\left(\frac{X_{ij}}{X_i} \mid X_i = n\right)$$

Oznacza to, że proporcja czasu, jaki upłynął w stanie j przed absorpcją, pod warunkiem, że czas wymagany do absorpcji jest duży, a analizując zgodnie z twierdzeniem (2) zawartym w dodatku, otrzymujemy co następuje:

$$\sum_{i\in T}\pi_{i0}E\left(\frac{X_{ij}}{X_i} \mid X_i = n\right) = b_j c_j + O\left(\frac{1}{n}\right)$$

Dlatego też

$$\lim_{n\to\infty}\sum_{i\in T}\pi_{i0}E\left(\frac{X_{ij}}{X_i}\mid X_i=n\right)=b_jc_j \quad (17)$$

$\{b_jc_j\}_{j\in T}$ jest rozkładem prawdopodobieństwa około T i jest nazywany *rozkładem quasi-stacjonarnym produktu.*

(ii) Ograniczający warunkowy współczynnik średni, gdy absorpcja
Czas jest zbyt duży

$$\lim_{n\to\infty}\sum_{i\in T}\pi_{i0}E\left(\frac{X_{ij}^{(n)}}{n}\mid X_i>n\right)$$

a to daje nam

$$\sum_{i\in T}\pi_{i0}E\left(\frac{X_{ij}^{(n)}}{n}\mid X_i>n\right)=b_jc_j+O\left(\frac{1}{n}\right)$$

Tak więc

$$\lim_{n\to\infty}\sum_{i\in T}\pi_{i0}E\left(\frac{X_{ij}^{(n)}}{n}\mid X_i>n\right)=b_jc_j \quad (18)$$

Dlatego też, warunkowy średni współczynnik, gdy czas absorpcji jest zbyt długi, daje nam również quasi-stacjonarny rozkład produktu.

Po drugie: Ograniczenie prawdopodobieństwa warunkowego

Objaśnienie dystrybucji produktu lub dystrybucji quasi-stacjonarnej:

$$\lim_{n\to\infty} \lim_{m\to\infty} P(X_m = j \mid X_n \in T, n > m)$$

Oznacza to, że ograniczenie prawdopodobieństwa warunkowego w przypadku, gdy proces znajduje się nadal w zestawie stanów przejściowych po długim czasie i nie wchłonął się przez długi czas w przyszłości. Znaleziono go w następujący sposób:

$$P(X_m = j \mid X_n \in T, n > m) = b_j c_j + O\left((n-m)^{m_2 - 1} \left(\frac{|\rho_2|}{\rho_1} \right)^{n-m} \right) + O\left(m^{m_2 - 1} \left(\frac{|\rho_2|}{\rho_1} \right)^{m} \right)$$

Dlatego,

$$\lim_{n\to\infty} \lim_{m\to\infty} P(X_m = j \mid X_n \in T, n > m) = b_j c_j \quad (19)$$

W związku z tym zauważamy, że granica poprzedniego równania daje nam również dystrybucję quasi-stacjonarną produktu.

Po trzecie: dystrybucja produktu i jego interpretacja jako dystrybucji stacjonarnej dla konkretnej matrycy przejściowej.

Załóżmy, że jest to $D = \{\delta_{ij} c_j\}$ matryca przekątna, gdzie jest δ_{ij} delta Kronekera taka, że jeśli $\delta_{ij} = 1$ i $i = j$ jeśli $\delta_{ij} = 0$ $i \neq j$. Jak również elementy, które istnieją na przekątnej głównej to $\{c_j\}_{j \in T}$. Przypisany do prawego $\vec{c}$ wektora własnego.

Dlatego znajdujemy matrycę tak: R

$$R = \frac{1}{\rho_1} D^{-1} Q D \qquad (20)$$

która zawiera elementy

$$R_{ij} = \frac{p_{ij} c_j}{\rho_1 c_i} \; ; \; i, j \in T$$

Łatwo jest udowodnić, że jest R on nieredukowalny i okresowy z jednookresową matrycą stochastyczną $d = 1$, jak również

$$\vec{\pi}' = \vec{b}' D \qquad (21)$$

tak aby

$$\pi_i = b_i c_i \ ; \quad i \in T$$

jest nazywany unikalnym rozkładem stacjonarnym dla macierzy przejścia R .

5-4-2 Łańcuchy Markova mające więcej niż jeden Państwo pochłaniające

W tym podrozdziale przeanalizujemy quasi-stacjonarne rozkłady w łańcuchach Markova zawierające więcej niż jeden stan pochłaniania, pod warunkiem, że łańcuch ten zostanie ostatecznie wchłonięty w określonym stanie. Przypadek ten może wystąpić w niektórych badaniach biologicznych, tak że stany wchłaniania oznaczają tutaj kilka specyficznych cech. Ponieważ niektóre cechy zwykle występują przed sobą, dlatego też czas potrzebny do ich wystąpienia jest zazwyczaj długi, a rozkład quasi-stacjonarny jest uzależniony od wystąpienia pewnego elementu.

Załóżmy, że gdzie $\{X_n\}$jest $n = 0,1,2,\ldots$ łańcuch Markova z przestrzenią stanu z $S = \{1,2,\ldots,r,r+1,\ldots,r+s\}$matrycą przejściową P . Jeżeli przyjmiemy, że zawiera stany$\{X_n\}$ pochłaniające r i stany przejściowe s , które są i $C = \{1,2,\ldots,r\}$ $T = \{r+1,\ldots,r+s\}$, odpowiednio, matryca prawdopodobieństwa przejścia P jest następująca:

$$P = \begin{pmatrix} I & O \\ P_1 & Q \end{pmatrix}$$

gdzie I jest macierzą kolejności, a $r \times r$ Q jest nieredukcyjną i okresową z jednookresową macierzą $d = 1$ kolejności zawierającą $(s-r)\times(s-r)$ prawdopodobieństwa przejścia p_{ij} ; $i, j \in T$. Co więcej, matryca P_1 jest niezerową matrycą porządku, a $s \times r$ O jest zerową matrycą porządku $r \times s$.

Załóżmy, że $\rho_1, \rho_2, \dots, \rho_n$ są to wartości eigevalues Q, takie że $\rho_1 > |\rho_2| \geq \dots \geq |\rho_n|$, $\rho_1 < 1$. Prawe i lewe wektory własne oraz $\{c_j\}_{j\in T}$ $\{b_j\}_{j\in T}$ odpowiednio, są zdefiniowane w podrozdziale 5-4-1.

Chcemy stworzyć nowy łańcuch Markova, uzależniając ewentualną absorpcję do określonego stanu stałego, powiedzmy $\{1\}$. W ten sposób otrzymujemy nowy łańcuch absorbujący $\{X_k^*\}$, o jednym stanie absorpcji $\{1\}$. Stany przejściowe pozostaną takie same jak poprzednio, ale będą regulowane przez nową matrycę przejściową P^*, tj.

$$P^* = \begin{pmatrix} 1 & \vec{o}' \\ \vec{p}_1^* & Q^* \end{pmatrix} \; ; \; \vec{p}_1^* \neq \vec{0}$$

gdzie $Q^* = [p_{ij}^*]$ dla wszystkich $i, j \in T$. Aby obliczyć te prawdopodobieństwa przejścia, stosujemy p_{ij}^* się do tych kroków:

Niech *A* oznacza zdarzenie, że pierwotny proces jest wchłaniany w stanie $\{1\}$, a następnie

$$p_{ij}^* = P_i(X_1 = j \mid A) = \frac{P_i(A \mid X_1 = j)P_i(X_1 = j)}{P_i(A)} = \frac{B_{j1} p_{ij}}{B_{i1}} \quad (22)$$

oraz

$$p_{ij}^{*(m)} = \frac{B_{j1} p_{ij}^m}{B_{i1}}$$

gdzie $P_i(\cdot)$ oznacza prawdopodobieństwo odpowiadające stanowi początkowemu oraz i B_{jk} prawdopodobieństwo, że proces rozpoczynający się w stanie nieustalonym zakończy j się stanem pochłaniania k i $k = 1,2,\ldots,r$ B_{jk} może być obliczony przez:

$$B_{jk} = p_{jk} + \sum_{h \in T} p_{jh} B_{hk} \quad ; \quad j \in T, k \in C \quad (23)$$

Wykorzystując nowe prawdopodobieństwa p_{ij}^{*} przejścia, możemy znaleźć dystrybucję quasi-stacjonarną oraz dystrybucję quasi-stacjonarną produktu.

Najpierw należy rozważyć rozkład quasi-stacjonarny:

$$P\left(X_n^* = j \mid X_n^* \in T\right) = \frac{\sum_{i\in T} \pi_{i0} p_{ij}^{*(n)}}{\sum_{i\in T} \pi_{i0} \sum_{j\in T} p_{ij}^{*(n)}}$$

$$= \frac{\sum_{i\in T} \pi_{i0} \frac{B_{j1}}{B_{i1}} p_{ij}^{(n)}}{\sum_{i\in T} \pi_{i0} \sum_{j\in T} \frac{B_{j1}}{B_{i1}} p_{ij}^{(n)}}$$

$$= \frac{\sum_{i\in T} \pi_{i0} \frac{B_{j1}}{B_{i1}} \rho_1^n c_i b_j + O\left(n^{m_2-1}\left|\rho_2\right|^n\right)}{\sum_{i\in T} \pi_{i0} \sum_{j\in T} \frac{B_{j1}}{B_{i1}} \rho_1^n c_i b_j + O\left(n^{m_2-1}\left|\rho_2\right|^n\right)}$$

Stosując podstawowe operacje algebraiczne i stosując tezę (2) z Załącznika, otrzymujemy co następuje:

$$\frac{\frac{B_{j1}b_j}{\sum_{j\in T} B_{j1}b_j} + O\left(n^{m_2-1}\left(\frac{\left|\rho_2\right|}{\rho_1}\right)^n\right)}{1 + O\left(n^{m_2-1}\left(\frac{\left|\rho_2\right|}{\rho_1}\right)^n\right)} - \frac{B_{j1}b_j}{\sum_{j\in T} B_{j1}b_j} = O\left(n^{m_2-1}\left(\frac{\left|\rho_2\right|}{\rho_1}\right)^n\right)$$

implikuje to

$$P\left(X_n^* = j \mid X_n^* \in T\right) = \frac{B_{j1} b_j}{\sum_{j \in T} B_{j1} b_j} + O\left(n^{m_2 - 1}\left(\frac{|\rho_2|}{\rho_1}\right)^n\right) \quad (24)$$

Stąd

$$\lim_{n \to \infty} P\left(X_n^* = j \mid X_n^* \in T\right) = \frac{B_{j1} b_j}{\sum_{j \in T} B_{j1} b_j} \quad (25)$$

Dlatego też $\left\{\frac{B_{j1} b_j}{\sum_{j \in T} B_{j1} b_j}\right\};\ j \in T$ nazywa się to rozkładem quasi-stacjonarnym o zbiorze stanów nieustalonych *T*.

Po drugie, chcemy znaleźć produkt quasi-stacjonarnej dystrybucji o *T*. Rozważmy następujące warunkowe prawdopodobieństwa dla każdego $m < n$:

$$P\left(X_m^* = j \mid X_n^* \in T\right) = \frac{P\left(X_m^* = j\right) P\left(X_n^* \in T \mid X_m^* = j\right)}{P\left(X_n^* \in T\right)}$$

a ponieważ

$$P\left(X_n^* \in T \mid X_m^* = j\right) = p_j\left(X_{n-m}^* \in T\right) = \sum_{k \in T} p_{jk}^{*(n-m)}$$

wtedy, dostaniemy:

$$P\left(X_m^* = j \mid X_n^* \in T\right) = \frac{\sum_{i \in T} \pi_{i0} p_{ij}^{*(m)} \sum_{k \in T} p_{jk}^{*(n-m)}}{\sum_{i \in T} \pi_{i0} \sum_{j \in T} p_{ij}^{*(n)}}$$

W podobny sposób, jak w przypadku rozkładu quasi-stacjonarnego i przy zastosowaniu twierdzenia (2) z Załącznika oraz podstawowych metod algebraicznych, stwierdzamy, że:

$$P\left(X_m^* = j \mid X_n^* \in T\right) =$$

$$\frac{\sum_{i \in T} \pi_{i0} \left\{ \frac{B_{j1}}{B_{i1}} \rho_1^m c_i b_j + O\left(m^{m_2-1} |\rho_2|^m\right) \right\} \left\{ \sum_{k \in T} \frac{B_{k1}}{B_{i1}} \rho_1^{n-m} c_j b_k + O\left((n-m)^{m_2-1} |\rho_2|^{(n-m)}\right) \right\}}{\sum_{i \in T} \pi_{i0} \sum_{j \in T} \frac{B_{j1}}{B_{i1}} \rho_1^n c_i b_j + O\left(n^{m_2-1} |\rho_2|^n\right)}$$

$$= \frac{b_j c_j + O\left((n-m)^{m_2-1} \left(\frac{|\rho_2|}{\rho_1} \right)^{n-m} \right) + O\left(m^{m_2-1} \left(\frac{|\rho_2|}{\rho_1} \right)^m \right)}{1 + O\left(n^{m_2-1} \left(\frac{|\rho_2|}{\rho_1} \right)^n \right)}$$

wtedy, dostaniemy:

$$P\left(X_m^* = j \mid X_n^* \in T\right) = b_j c_j + O\left((n-m)^{m_2-1} \left(\frac{|\rho_2|}{\rho_1} \right)^{n-m} \right) + O\left(m^{m_2-1} \left(\frac{|\rho_2|}{\rho_1} \right)^m \right) \quad (26)$$

W związku z tym ograniczenie prawdopodobieństwa warunkowego procesu jest nadal w zestawie stanów przejściowych po długim okresie czasu i że absorpcja nie wystąpi przez kolejny długi czas w przyszłości w następujący sposób:

$$\lim_{n\to\infty} \lim_{m\to\infty} P\left(X_m^* = j \mid X_n^* \in T\right) = b_j c_j \quad (27)$$

Oznacza to, że jest $\{b_j c_j\}_{j\in T}$ to produkt quasi-stacjonarnej dystrybucji o *T*, który pozostaje stały w nowej sieci Markov.

W końcu znajdziemy nową sieć Markov $\left\{X_n^{**}\right\} M$ z matrycą przejściową, a następnie dystrybucja quasi-stacjonarna produktu stanie się dystrybucją stacjonarną dla tej stochastycznej matrycy M .

Załóżmy, że $U = [\delta_{ij} B_{j1} c_j]$ na przekątnej głównej znajduje się $\left\{B_{j1} c_j\right\}$, $j \in T$ matryca z następującymi elementami, a potem to znajdziemy:

$$M = \frac{1}{\rho_1} U^{-1} Q U \quad (28)$$

z następującymi prawdopodobieństwami przejścia:

$$M_{ij} = \frac{p_{ij} B_{j1} c_j}{\rho_1 B_{j1} c_j}$$

Należy zauważyć, że M jest to nieredukowalna matryca stochastyczna o następującym rozkładzie stacjonarnym:

$$\vec{\pi}' = \vec{b}' U \quad (29)$$

taką:

$$\vec{\pi}' M = \vec{\pi}' \quad (30)$$

Przykład (8)

Załóżmy, że $\{X_n\}$ jest to łańcuch Markova o następującej macierzy prawdopodobieństwa przejścia P:

$$P = \begin{matrix} C\begin{cases} 1 \\ 2 \end{cases} \\ \\ \\ \end{matrix} \begin{pmatrix} 1 & 0 & 0 & 0 \\ 0 & 1 & 0 & 0 \\ \frac{1}{8} & \frac{5}{16} & \frac{1}{4} & \frac{5}{16} \\ \frac{1}{10} & \frac{6}{10} & \frac{2}{15} & \frac{1}{6} \end{pmatrix}$$

(a) Znajdź stacjonarną dystrybucję dla sieci Markov P.

(b) Znajdź quasi-stacjonarny rozkład o zbiorze stanów nieustalonych uzależniony T od ewentualnej absorpcji stanu $\{1\}$.

(c) Znajdź rozkład quasi-stacjonarny produktu o zbiorze stanów nieustalonych uzależniony T od ewentualnej absorpcji w tym samym stanie $\{1\}$.

(d) Znajdź rozkład quasi-stacjonarny i rozkład quasi-stacjonarny produktu przed wystąpieniem absorpcji w podłańcuchu C.

Rozwiązanie:

W wyżej wymienionym łańcuchu należy zwrócić uwagę na następujące kwestie:

Przestrzeń państwowa jest $S = \{1,2,3,4\}$

Zestaw stanów powtarzających się wynosi $C = \{1,2\}$

Zbiór stanów nieustalonych to $T = \{3,4\}$

za pomocą równania:

$$B_{jk} = p_{jk} + \sum_{h \in T} p_{jh} B_{hk} \quad ; \quad j \in T, k \in C$$

możemy obliczyć chłonne prawdopodobieństwa w następujący sposób:

$$B_{31} = \frac{13}{56} \qquad B_{32} = \frac{43}{56}$$

$$B_{41} = \frac{11}{70} \qquad B_{42} = \frac{59}{70}$$

(a) Rozkład stacjonarny dla tej sieci Markov zależy od stanu początkowego w odniesieniu do początku procesu, jeśli reprezentujemy

$$\vec{\pi}_1 = \begin{pmatrix} 1 \\ 0 \\ 0 \\ 0 \end{pmatrix}, \vec{\pi}_2 = \begin{pmatrix} 0 \\ 1 \\ 0 \\ 0 \end{pmatrix}$$

Tak więc rozkład stacjonarny, jeśli stan początkowy wynosi 3 staje się 3:

$$B_{31}\vec{\pi}_1 + B_{32}\vec{\pi}_2 = \begin{pmatrix} B_{31} \\ B_{32} \\ 0 \\ 0 \end{pmatrix} = \begin{pmatrix} 13/56 \\ 43/56 \\ 0 \\ 0 \end{pmatrix}$$

I tak, rozkład stacjonarny, jeśli stan początkowy wynosi 4 staje się:

$$B_{41}\vec{\pi}_1 + B_{42}\vec{\pi}_2 = \begin{pmatrix} B_{41} \\ B_{42} \\ 0 \\ 0 \end{pmatrix} = \begin{pmatrix} 11/70 \\ 59/70 \\ 0 \\ 0 \end{pmatrix}$$

Innymi słowy, uzyskaliśmy rozkład stacjonarny poprzez pewne zależności pomiędzy wektorami i $\vec{\pi}_1$ $\vec{\pi}_2$.

(b) Teraz

$$Q = \begin{matrix} 3 \\ 4 \end{matrix}\begin{pmatrix} \frac{1}{4} & \frac{5}{16} \\ \frac{2}{15} & \frac{1}{6} \end{pmatrix}$$

Następnie pojawia się charakterystyczne równanie:

$$\rho^2 - \frac{10}{24}\rho = 0$$

Od którego otrzymujemy następujące wartości własne:

$$\rho_1 = \frac{10}{24} \quad , \quad \rho_2 = 0$$

Następnie właściwy wektor w odniesieniu do wartości własnej ρ_1 jest podawany przez wektor

$$\vec{c}' = \begin{bmatrix} \frac{27}{20} & \frac{72}{100} \end{bmatrix}$$

a lewy wektor macierzysty jest podany przez następujący wektor

$$\vec{b}' = \begin{bmatrix} \frac{4}{9} & \frac{5}{9} \end{bmatrix}$$

Również

$$\sum_{j=3}^{4} B_{j1} b_j = B_{31} b_3 + B_{41} b_4 \cong 1.7142$$

Tak więc rozkład quasi-stacjonarny jest

$$\left\{ \frac{B_{31} b_3}{\sum_{j=3}^{4} B_{j1} b_j} \quad , \quad \frac{B_{41} b_4}{\sum_{j=3}^{4} B_{j1} b_j} \right\} \cong \{0.54 \quad , \quad 0.46\}$$

(c) Dystrybucja quasi-stacjonarna produktu ($\{b_j c_j\}$) odbywa się w następujący sposób:

$$\{0.6 \quad , \quad 0.4\}$$

(d) Łańcuch Markova staje się na następującej formie:

$$P = \begin{array}{c} C \\ \\ 3 \\ \\ 4 \end{array}\begin{pmatrix} 1 & 0 & 0 \\ & & \\ \frac{7}{16} & \frac{1}{4} & \frac{5}{16} \\ & & \\ \frac{7}{10} & \frac{2}{15} & \frac{1}{6} \end{pmatrix}$$

Dlatego też Q pozostanie jak w lit. b). Ale rozkład quasi-stacjonarny będzie taki jak w następującej formie:

$$\{b_3 \quad , \quad b_4\} \cong \{0.444 \quad , \quad 0.556\}$$

a produkt będzie dystrybucją quasi-stacjonarną:

$$\{0.6 \quad , \quad 0.4\}$$

Wreszcie, obserwujemy, że rozkład quasi-stacjonarny jest inny w obu przypadkach (b) i (d), ale rozkład quasi-stacjonarny produktu pozostaje stały i nie zmienia się również w obu przypadkach.

Przykład (9)

Znajdźcie na przykładzie stochastyczne matryce R i M dla łańcucha Markova (8). co zauważacie?

Rozwiązanie:

Aby znaleźć te matryce potrzebujemy następującej Q , a $\vec{c}$ ρ_1 także prawdopodobieństwa absorpcji i B_{31} B_{41} . Więc, zawsze taki, $R = \frac{1}{\rho_1} D^{-1} Q D$ że $r_{ij} = \frac{p_{ij} c_j}{\rho_1 c_j}$, tak:

$$R = \begin{bmatrix} 0.6 & 0.4 \\ 0.6 & 0.4 \end{bmatrix}$$

i zawsze tak $M = \frac{1}{\rho_1} U^{-1} Q U$ ą, że $m_{ij} = \frac{p_{ij} B_{j1} c_j}{\rho_1 B_{j1} c_j}$, tak:

$$M = \begin{bmatrix} 0.6 & 0.4 \\ 0.6 & 0.4 \end{bmatrix}$$

zauważamy, że zarówno R jak i M są równe.

5-5 Problemy ogólne

Problem (1)

Znajdź stacjonarne rozkłady dla następujących sieci Markov:

$$P_1 = \begin{bmatrix} 3/4 & 0 & 1/4 \\ 1/2 & 1/2 & 0 \\ 0 & 0 & 1 \end{bmatrix} \quad P_2 = \begin{bmatrix} 0.2 & 0.3 & 0.5 \\ 0.3 & 0.5 & 0.2 \\ 0.5 & 0.2 & 0.3 \end{bmatrix}, \quad , P_3 = \begin{bmatrix} 1 & 0 & 0 \\ 0 & 1 & 0 \\ 0 & 0 & 1 \end{bmatrix}$$

Problem (2)

Jeśli podałeś łańcuch Markova z następującą matrycą przejściową:

$$P = \begin{bmatrix} 0.4 & 0.4 & 0.2 \\ 0.3 & 0.4 & 0.3 \\ 0.2 & 0.4 & 0.4 \end{bmatrix}$$

Udowodnij, że P zawiera unikalną dystrybucję stacjonarną $\vec{\pi}$, a następnie znajdź $\vec{\pi}$?

Problem (3)

Załóżmy, że jest to $\vec{\pi}$ stacjonarna dystrybucja dla sieci $\{X_n\}$Markov. Udowodnij, że jeśli i $\pi_i > 0$ prowadzi i do tego j $\pi_j > 0$.

Problem (4)

Załóżmy, że i $\vec{\pi}_1$ $\vec{\pi}_2$ są to $\vec{\pi}_2$ dwa różne stacjonarne rozkłady dla sieci $\{X_n\}$Markov. Udowodnij, że jeśli wtedy $0 \leq \alpha \leq 1$

$$\vec{\pi}_\alpha = (1-\alpha)\vec{\pi}_1 + \alpha\vec{\pi}_2$$

to stacjonarna dystrybucja.

Problem (5)

Jeśli podałeś łańcuch Markova z następującą matrycą przejściową:

$$P = \begin{array}{c} \\ 0 \\ 1 \\ 2 \\ 3 \end{array} \begin{array}{c} \begin{array}{cccc} 0 & 1 & 2 & 3 \end{array} \\ \begin{bmatrix} 1 & 0 & 0 & 0 \\ 0 & 3/4 & 1/4 & 0 \\ 0 & 1/2 & 1/2 & 0 \\ 1/4 & 1/4 & 1/4 & 1/4 \end{bmatrix} \end{array}$$

Znajdź

$$\lim_{n \to \infty} p_{ij}^{(n)}$$

Problem (6)

Jeśli podałeś łańcuch Markova z następującą matrycą przejściową P :

$$P = \begin{array}{c} \\ 0 \\ 1 \\ 2 \\ 3 \end{array} \begin{array}{c} \begin{array}{cccc} 0 & 1 & 2 & 3 \end{array} \\ \begin{bmatrix} 1/2 & 1/2 & 0 & 0 \\ 1/4 & 3/4 & 0 & 0 \\ 1/2 & 0 & 1/2 & 0 \\ 1/4 & 1/4 & 1/4 & 1/4 \end{bmatrix} \end{array}$$

Znajdź rozkład stacjonarny dla matrycy P .

Problem (7)

Jeśli dałeś łańcuchy Markova z następującymi matrycami przejściowymi:

(i) $\begin{bmatrix} 0.3 & 0.7 \\ 0.5 & 0.5 \end{bmatrix}$ (ii) $\begin{bmatrix} 0.5 & 0.2 & 0.3 \\ 0.1 & 0.7 & 0.2 \\ 0.3 & 0.3 & 0.4 \end{bmatrix}$

(a) Znajdź wartości własne dla (i) i (ii).

(b) Znajdź prawy i lewy eigenwektor w odniesieniu do wartości własnej ρ_1 również w (i) i (ii).

Problem (8)

Weźmy pod uwagę łańcuch Markova z następującą matrycą przejścia:

$$P = \begin{matrix} & 1 & 2 & 3 \\ 1 & 1 & 0 & 0 \\ 2 & 1/3 & 1/3 & 1/3 \\ 3 & 1/4 & 1/2 & 1/4 \end{matrix}$$

Obliczyć następujące ilości:

(i) Warunkowa dystrybucja stacjonarna, jeżeli $\vec{a}'(\vec{\alpha})\vec{\alpha}' = [2/3 \ , \ 1/3]$.

(ii) Stacjonarny rozkład warunkowy $\vec{d}$.

(iii) Obliczyć dystrybucję quasi-stacjonarną oraz $\vec{b}$ dystrybucję quasi-stacjonarną produktu.

(iv) Obliczyć matrycę stochastyczną R i znaleźć jej unikalny stacjonarny rozkład.

Problem (9)

Weźmy pod uwagę łańcuch Markova z następującą matrycą przejścia:

$$P = \begin{matrix} C\begin{cases} 1 \\ \\ 2 \end{cases} \\ 3 \\ 4 \end{matrix} \begin{pmatrix} 1 & 0 & 0 & 0 \\ 0 & 1 & 0 & 0 \\ \frac{1}{4} & \frac{1}{4} & \frac{1}{4} & \frac{1}{4} \\ \frac{1}{2} & 0 & \frac{1}{8} & \frac{3}{8} \end{pmatrix}$$

(a) Znajdź stacjonarną dystrybucję dla sieci Markov P.

(b) Znajdź quasi-stacjonarny rozkład o zbiorze stanów nieustalonych uzależniony T od ostatecznej absorpcji stanu $\{1\}$.

(c) Znajdź rozkład quasi-stacjonarny produktu uwarunkowany ewentualną absorpcją w tym samym stanie $\{1\}$.

(d) Znajdź rozkład quasi-stacjonarny i rozkład quasi-stacjonarny produktu przed wystąpieniem absorpcji w podłańcuchu C.

(e) Obliczyć stochastyczne matryce i R M, co widzisz?

Problem (10)

Udowodnij, że jest R to nieredukowalny i okresowy z jednookresową matrycą stochastyczną, a także udowodnij, że gdzie $\vec{\pi}' = \{b_j c_j\}$ jest $j \in T$ wyjątkowy rozkład stacjonarny dla R .

Problem (11)

Udowodnij, że jest M to nieredukowalny i okresowy z jednookresową matrycą stochastyczną, a także udowodnij, że gdzie $\vec{\pi}' = \{b_j c_j\}$ jest $j \in T$ wyjątkowy rozkład stacjonarny dla M .

Rozdział 6

Aplikacje dotyczące łańcuchów Finite Markov

W tym rozdziale przeanalizujemy kilka interesujących aplikacji dotyczących skończonych łańcuchów Markova. Omówiona zostanie funkcja prawdopodobieństwa przejścia lub matryca prawdopodobieństwa przejścia dla tych łańcuchów, jak również rozkłady stacjonarne, zachowania w stanie ustalonym niektórych z nich lub prawdopodobieństwa absorpcji innych. Poza tym, co to oznacza w niektórych zastosowaniach.

6-1 Łańcuchy Markova mające dwa państwa

Ten rodzaj jednorodnych łańcuchów Markova pojawia się bardzo dramatycznie w życiu praktycznym, więc jest to bardzo ważne, a jako przykład może posłużyć system komunikacji, który wysyła zero i jeden numer. Również status danej maszyny w danym dniu jest aktualny lub uszkodzony, oraz inne przykłady. Matryca prawdopodobieństwa przejścia dla łańcucha o dwóch stanach $S = \{0,1\}$ jest opisana w następujący sposób:

$$P = \begin{bmatrix} p_{00} & p_{01} \\ p_{10} & p_{11} \end{bmatrix}$$

Stwierdzamy również, że dwustopniowa macierz prawdopodobieństwa przejścia jest następująca:

$$P^2 = \begin{bmatrix} p_{00}^2 + p_{01}p_{10} & p_{01}(p_{00} + p_{11}) \\ p_{10}(p_{00} + p_{11}) & p_{11}^2 + p_{01}p_{10} \end{bmatrix}$$

Również, kiedy $|p_{00} + p_{11} - 1| < 1$ możemy udowodnić za pomocą matematycznej indukcji, że:

$$P^n = \frac{1}{2 - p_{00} - p_{11}} \begin{bmatrix} 1 - p_{11} & 1 - p_{00} \\ 1 - p_{11} & 1 - p_{00} \end{bmatrix} + \frac{(p_{00} + p_{11} - 1)^n}{2 - p_{00} - p_{11}} \begin{bmatrix} 1 - p_{00} & -(1 - p_{00}) \\ -(1 - p_{11}) & 1 - p_{11} \end{bmatrix} \quad (1)$$

W związku z tym, stosując konwergencję, gdy jest ona n bardzo duża, ograniczające prawdopodobieństwo transformacji dla tych n etapów będzie następujące:

$$\lim_{n\to\infty} p_{00}^{(n)} = \lim_{n\to\infty} p_{10}^{(n)} = \frac{1-p_{11}}{2-p_{00}-p_{11}}$$
$$\lim_{n\to\infty} p_{01}^{(n)} = \lim_{n\to\infty} p_{11}^{(n)} = \frac{1-p_{00}}{2-p_{00}-p_{11}} \qquad (2)$$

Daje nam to pewność, że dystrybucja stacjonarna dla sieci Markov ma dwa następujące stany:

$$\pi_0 = \frac{1-p_{11}}{2-p_{00}-p_{11}}$$
$$\pi_1 = \frac{1-p_{00}}{2-p_{00}-p_{11}} \qquad (3)$$

Przykład (1)

Załóżmy, że jednorodny łańcuch Markova o dwóch stanach jest opisany przez następującą macierz prawdopodobieństwa przejścia:

$$P = \begin{bmatrix} q & p \\ q & p \end{bmatrix}$$

Używając równania (1), stwierdzamy, że P^n jest ono podane przez następującą zależność:

$$P^n = \frac{1}{p+q}\begin{bmatrix} q & p \\ q & p \end{bmatrix} + \frac{(1-p-q)^n}{p+q}\begin{bmatrix} p & -p \\ -q & q \end{bmatrix}$$

Następnie stwierdzamy, że graniczne prawdopodobieństwa przejścia są następujące:

$$\lim_{n\to\infty} P^n = \begin{bmatrix} \frac{q}{p+q} & \frac{p}{p+q} \\ \frac{q}{p+q} & \frac{p}{p+q} \end{bmatrix}$$

Stwierdzamy również, że rozmieszczenie stacjonarne $\vec{\pi}$ jest następujące:

$$\vec{\pi}' = \begin{bmatrix} \frac{q}{p+q} & , & \frac{p}{p+q} \end{bmatrix}$$

dla każdego $p+q>0$.

Jeśli weźmiemy jako przykład $p=0.2$, to

$$P = \begin{bmatrix} 0.8 & 0.2 \\ 0.8 & 0.2 \end{bmatrix}$$

W związku z tym, ograniczające prawdopodobieństwo przejścia jest

$$\lim_{n\to\infty} P^n = \begin{bmatrix} 0.8 & 0.2 \\ 0.8 & 0.2 \end{bmatrix}$$

Dlatego też dystrybucja stacjonarna to $\vec{\pi}' = [0.8 \quad , \quad 0.2]$.

Przykład (2)

Jeśli weźmiemy konkretny system komunikacji, który wysyła numery 0 i 1. Tak, aby każdy transmitowany numer przechodził przez kilka etapów, w których na każdym etapie prawdopodobieństwo niezmieniania numeru wchodzącego w etap, gdy jest on z niego zwolniony, jest równe p .

Załóżmy, że reprezentuje ona X_0 liczbę, która wchodzi do pierwszego etapu systemu, również jeśli następnie $n = 1,2,\ldots$ reprezentuje liczbę X_n, która wychodzi z etapu n systemu, a więc zmienne losowe, które $\{X_n\}$ tworzą $n = 0,1,2,\ldots$ łańcuch Markova z następującą matrycą przejściową:

$$P = \begin{bmatrix} p & p \\ q & p \end{bmatrix}$$

zauważamy, że matryca prawdopodobieństwa przejścia stopniowego jest następująca: n

$$P^n = \begin{bmatrix} \frac{1}{2}+\frac{1}{2}(p-q)^n & \frac{1}{2}-\frac{1}{2}(p-q)^n \\ \frac{1}{2}-\frac{1}{2}(p-q)^n & \frac{1}{2}+\frac{1}{2}(p-q)^n \end{bmatrix}$$

Jeśli wtedy $p = \frac{2}{3}$

$$P = \begin{bmatrix} 2/3 & 1/3 \\ 1/3 & 2/3 \end{bmatrix} \text{ i } P^2 = \begin{bmatrix} 5/9 & 4/9 \\ 4/9 & 5/9 \end{bmatrix} \; P^3 = \begin{bmatrix} 14/27 & 13/27 \\ 13/27 & 14/27 \end{bmatrix}$$

dlatego jako przykład zauważamy, że:

$$p_{11}^{(2)} = \frac{5}{9} \text{ oraz } p_{11}^{(3)} = \frac{14}{27}$$

Oznacza to, że jeżeli wprowadzona liczba wynosi 1, to prawdopodobieństwo poprawnego wyjścia z systemu po dwóch etapach jest równe $\frac{5}{9}$ i że prawdopodobieństwo poprawnego wyjścia z systemu po trzech etapach jest równe $\frac{14}{27}$.

Unikalny rozkład stacjonarny dla jest $P \ \vec{\pi}' = [0.5 \quad , \quad 0.5]$, a to oznacza, że w dłuższej perspektywie czasowej, prawdopodobieństwo wejścia do systemu i prawdopodobieństwo wyjścia z systemu wynosi 50%.

6-2 Mobilność społeczna

Badanie mobilności społecznej pomaga nam rozwiązać wiele ważnych problemów społecznych w naszym życiu. Na przykład, w jakim stopniu normalne zstępowanie ojca i dziadka wpływa na klasę społeczną dzieci?

Tak więc, jednym ze sposobów, w jaki możemy określić klasę ludzi jest zawód, w którym pracują. Klasy można zatem podzielić na trzy: klasa wyższa, klasa średnia i klasa niższa. Badając tę mobilność społeczną danego społeczeństwa, jako przykład, mamy następujące prawdopodobieństwa (przykład ten zaczerpnięty jest z książki A. Barzana (1983)):

		Kariera zawodowa dla dzieci		
		Górna strona	Middle	Niżej
Kariera zawodowa dla rodziców	Górna strona	0.448	0.484	0.068
	Midle	0.054	0.699	0.247
	Niżej	0.011	0.503	0.486

Zakłada się zatem, że to przejście między klasami społecznymi kolejnych pokoleń dla rodziny można uznać za przejście według łańcucha Markowa trzech stanów, $S = \{1,2,3\}$ gdzie 1 oznacza górny, 2 oznacza środkowy, a 3 oznacza dolny. A matryca prawdopodobieństwa przejścia jest opisana w następujący sposób:

$$
P = \begin{array}{c} 1 \\ 2 \\ 3 \end{array} \overset{\begin{array}{ccc} 1 & \quad\quad 2 & \quad\quad 3 \end{array}}{\begin{bmatrix} 0.448 & 0.484 & 0.068 \\ 0.054 & 0.699 & 0.247 \\ 0.011 & 0.503 & 0.486 \end{bmatrix}}
$$

Należy pamiętać, że łańcuch ten jest skończony i nieredukowalny, a także okresowy z jednym okresem.

Dlatego też łańcuch ten ma rozkład $\vec{\pi}$ stacjonarny, który jest unikalnym rozwiązaniem dla układu równań

$$\vec{\pi}' = \vec{\pi}'P$$

to znaczy, w końcu dostajemy to, co następuje:

$$\vec{\pi}' = \begin{bmatrix} 0.067 & 0.624 & 0.309 \end{bmatrix}$$

Dlatego możemy wyjaśnić poprzednie wyniki w następujący sposób:

W dłuższej perspektywie czasowej w społeczeństwie, w którym istniała wcześniej mobilność społeczna, będzie 6,7% klasy wyższej, 62,4% klasy średniej i 30,9% klasy niższej.

6-3 Łańcuchy narodzin i śmierci

Rozważmy łańcuch narodzin i śmierci z przestrzenią stanu $S = \{0,1,2,\ldots,m\}$ i następującą funkcją prawdopodobieństwa przejścia:

$$p_{ij} = \begin{cases} q_i & ; \quad j = i-1 \\ r_i & ; \quad j = i \\ p_i & ; \quad j = i+1 \end{cases}$$

gdzie $p_i + q_i + r_i = 1$ dla każdego $i \in S$.

Założmy, że reprezentuje to T_g czas uderzenia w stan g .

Definicja (1)

Czas uderzenia T_g jest definiowany jako początkowy czas uderzenia lub istnienia łańcucha Markova w g .

Należy zwrócić uwagę na to i $p_0 = 0$ $q_0 = 0$ założyć, że p_i q_i są to q_i ilości dodatnie, jeśli $0 < i < m$. Dla każdego i a b takich, które zakładaj $a < b$ ą, że:

$$u_i = P_i(T_a < T_b) \quad ; \quad a < i < b$$

Załóżmy, że jak $u_a = 1$ również $u_b = 0$. Jeśli łańcuch narodzin i śmierci rozpoczyna się w stanie j. Następnie łańcuch w jednym kroku przechodzi do $j-1$, j , z $j+1$ prawdopodobieństwem q_j, r_j p_j odpowiednio. Dostajemy:

$$u_j = q_j u_{j-1} + r_j u_j + p_j u_{j+1} \quad ; \quad a < j < b \qquad (4)$$

ponieważ $r_j = 1 - p_j - q_j$ wyprowadzamy z równania (4) co następuje:

$$u_{j+1} - u_j = \frac{q_j}{p_j}\left(u_j - u_{j-1}\right) \quad ; \quad a < j < b \qquad (5)$$

Załóżmy, że i $\gamma_0 = 1$

$$\gamma_j = \frac{q_1 \cdots q_j}{p_1 \cdots p_j} \quad ; \quad 0 < j < m \qquad (6)$$

z równania, (5) otrzymujemy, co następuje:

$$u_{j+1} - u_j = \frac{\gamma_j}{\gamma_{j-1}}\left(u_j - u_{j-1}\right) \quad ; \quad 0 < j < b$$

co więcej, otrzymujemy też, co następuje:

$$u_{j+1} - u_j = \frac{\gamma_{a+1}}{\gamma_a} \cdots \frac{\gamma_j}{\gamma_{j+1}} \left(u_{a+1} - u_a\right) = \frac{\gamma_j}{\gamma_a} \left(u_{a+1} - u_a\right)$$

w wyniku tego, dostaniemy:

$$u_j - u_{j-1} = \frac{\gamma_j}{\gamma_a} \left(u_{a+1} - u_a\right) \;\; ; \;\; 0 \leq j \leq b \qquad (7)$$

Dodanie równania (7) dla każdego z nich i $j = a, \ldots, b-1$ wstawienie, a $u_a = 1$ $u_b = 0$ zatem, równanie (7) staje się następujące:

$$u_j - u_{j+1} = \frac{\gamma_j}{\sum_{j=a}^{b-1} \gamma_j} \;\; ; \;\; a \leq j < b$$

Również, dodając to równanie dla każdego $j = i, \ldots, b-1$ i używając , $u_b = 0$ otrzymujemy:

$$u_i = \frac{\sum_{j=1}^{b-1} \gamma_j}{\sum_{j=a}^{b-1} \gamma_j} \;\; ; \;\; a \leq i < b$$

Z definicji, u_i mamy:

$$P_i(T_a < T_b) = \frac{\sum_{j=i}^{b-1} \gamma_j}{\sum_{j=a}^{b-1} \gamma_j} \quad ; \quad a < i < b \tag{8}$$

i, odejmując równanie (8) od jednego, otrzymujemy co następuje:

$$P_i(T_b < T_a) = \frac{\sum_{j=a}^{i-1} \gamma_j}{\sum_{j=a}^{b-1} \gamma_j} \quad ; \quad a < i < b \tag{9}$$

Teraz jesteśmy w trakcie poszukiwania stacjonarnej dystrybucji w tego typu sieci Markov:

Poprzez zastosowanie następującego układu równań liniowych:

$$\sum_{i=0}^{m} \pi_i p_{ij} = \pi_j \qquad ; \qquad j \in S$$

dostajemy

$$\pi_0 r_0 + \pi_1 q_1 = \pi_0$$

$$\pi_{j-1} p_{j-1} + \pi_j r_j + \pi_{j+1} q_{j+1} = \pi_j$$

$$; \quad j = 1,2,\ldots,m$$

$p_j + q_j + r_j = 1$ I od tego czasu możemy przepisać te równania w następującej formie:

$$q_1 \pi_1 - p_0 \pi_0 = 0$$

$$q_{j+1} \pi_{j+1} - p_j \pi_j = q_j \pi_j - p_{j-1} \pi_{j-1} \tag{10}$$

$$; \quad j = 1,2,\ldots,m$$

Używając indukcji matematycznej, otrzymujemy z równania (10), co następuje:

$$q_{j+1} \pi_{j+1} - p_j \pi_j = 0 \quad ; \quad j = 1,2,\ldots,m$$

to oznacza:

$$\pi_{j+1} = \frac{p_j}{q_{j+1}} \pi_j \quad ; \quad j = 0,1,2,\ldots,m$$

W wyniku tego, dostaniemy:

$$\pi_i = \frac{p_0 \cdots p_{i-1}}{q_1 \cdots q_i} \pi_0 \quad ; \quad i = 1,2,\ldots,m \tag{11}$$

Założenie C_i jest podane przez:

$$C_i = \begin{cases} 1 & ; \quad i = 0 \\ \dfrac{p_0 \cdots p_{i-1}}{q_1 \cdots q_i} & ; \quad i = 1,2,\ldots,m \end{cases} \tag{12}$$

W związku z tym równanie (11) może być zapisane w następujący sposób:

$$\pi_i = C_i \pi_0 \quad ; \quad i = 0,1,2,\ldots,m \tag{13}$$

Dlatego też z równania (13) wnioskujemy, że łańcuch narodzin i śmierci ma unikalny rozkład stacjonarny, który wynika z następującej zależności:

$$\pi_i = \frac{C_i}{\sum_{j=0}^{m} C_j} \quad ; \quad i = 0,1,2,\ldots,m \tag{14}$$

gdzie C_i jest określone w równaniu (12) dla każdego $i = 0,1,2,\ldots,m$.

6-4 Przypadkowe spacery

Załóżmy, że $Y_1, Y_2, \ldots$ są to niezależne zmienne losowe z funkcją gęstości połączenia f . Załóżmy, że jest to X_0 zmienna losowa i jest niezależna od wszystkich innych Y_i's, jeśli zdefiniujemy inną zmienną X_n taką jak ta:

$$X_n = X_0 + Y_1 + \cdots + Y_n$$

Następnie sekwencja $\{X_n\}$ jest nazywana losowym spacerem, a więc tworzy $\{X_n\}$ łańcuch Markova z następującą funkcją możliwości przejścia:

$$p_{ij} = f(j - i)$$

Aby to sprawdzić, załóżmy, że jest $\vec{\pi}_0$ to wstępny rozkład, a następnie

$$\begin{aligned} P(X_0 = i_0, \ldots, X_n = i_n) &= P(X_0 = i_0, Y_1 = i_1 - i_0, \cdots + Y_n = i_n - i_{n-1}) \\ &= P(X_0 = i_0) P(Y_1 = i_1 - i_0) \cdots P(Y_n = i_n - i_{n-1}) \\ &= \pi_{i_0 0} p_{i_0 i_1} \cdots p_{i_{n-1} i_n} \end{aligned}$$

Jeśli założymy, że "molekuła" porusza się wzdłuż stanów w poprzednim łańcuchu Markova. Kiedy cząsteczka jest w stanie i , niezależnie od tego, jak się do niego dostanie, wtedy z dużym j prawdopodobieństwem wskakuje w stan $f(j-i)$.

Jeśli weźmiemy specjalny przypadek na zwykły przypadkowy spacer tak $f(1)=p$, i $f(-1)=q$ takie $f(0)=r$ i $p+q+r=1$ nie jest negatywne. Następnie funkcję prawdopodobieństwa przejścia podaje się za pomocą następującej zależności:

$$p_{ij}=\begin{cases} p & ; \quad j=i+1 \\ q & ; \quad j=i-1 \\ r & ; \quad j=i \\ 0 & ; \quad \text{else where} \end{cases}$$

To znaczy, jeśli cząsteczka jest obecna w stanie i , to wskakuje do stanu $i+1$ z prawdopodobieństwem i z $i-1$ prawdopodobieństwem p wskakuje do stanu z prawdopodobieństwem q i pozostaje w tym samym poprzednim stanie z i prawdopodobieństwem r . Ten rodzaj łańcuchów jest również uważany za łańcuch narodzin i śmierci.

6-4-1 Pozytywny Spacer Przypadkowy Randomowy

Załóżmy, że losowy spacer wykonany przez molekułę wzdłuż przestrzeni stanu $S=\{0,1,\ldots,m\}$. Ten rodzaj przypadkowych spacerów jest aplikacją na łańcuchach narodzin i śmierci. Wtedy otrzymujemy narodziny, jeśli z prawdopodobieństwem przeniesie się o jeden stan w prawo i p otrzymamy śmierć, jeśli z prawdopodobieństwem przeniesie się o jeden stan w lewo q i pozostanie w tym samym stanie z prawdopodobieństwem r. Otrzymujemy zatem następującą stochastyczną matrycę przejścia:

$$\begin{array}{c} \\ 0 \\ 1 \\ 2 \\ 3 \\ \vdots \\ m-1 \\ m \end{array} \begin{array}{c} \begin{array}{ccccccc} 0 & 1 & 2 & 3 & \cdots & m-1 & m \end{array} \\ \begin{bmatrix} r & p & 0 & 0 & \cdots & 0 & 0 \\ q & r & p & 0 & \cdots & 0 & 0 \\ 0 & q & r & p & \cdots & 0 & 0 \\ 0 & 0 & q & r & \cdots & 0 & 0 \\ \vdots & \vdots & \vdots & \vdots & \ddots & \vdots & \vdots \\ 0 & 0 & 0 & 0 & \cdots & r & p \\ 0 & 0 & 0 & 0 & \cdots & q & r \end{bmatrix} \end{array}$$

Dlatego też, w tym przypadku konieczne jest znalezienie rozkładu stacjonarnego poprzez zastosowanie równania (14), otrzymujemy co następuje:

$$C_i = \left(\frac{p}{q}\right)^i \quad ; \quad i = 0,1,\ldots,m$$

To znaczy:

$$\pi_i = \frac{\left(p/q\right)^i}{\sum_{j=0}^{m}\left(p/q\right)^j} \quad ; \quad i = 0,1,\ldots,m$$

Więc, w końcu dostaniemy co następuje:

$$\pi_i = \begin{cases} \left(\dfrac{p}{q}\right)^i \dfrac{1-\left(p/q\right)}{1-\left(p/q\right)^{m+1}} & ; \quad p \neq q \\ \dfrac{1}{m+1} & ; \quad p = q = \dfrac{1}{2} \end{cases} \tag{15}$$

Oznacza to, że na dłuższą metę łańcuch Markova osiągnie stacjonarność, a prawdopodobieństwa $\pi_0, \ldots, \pi_m$ istnieją i są obecne w różnych przypadkach w zależności tylko od macierzy prawdopodobieństwa przejścia P .

6-4-2 Problem ze stratą gracza

W niniejszym podrozdziale przestudiujemy inny rodzaj łańcuchów narodzin i śmierci pojawiających się jako forma przypadkowych spacerów. Ten typ nazywany jest *problemem utraty gracza*, ponieważ bogactwo gracza, który wnosi serię zakładów, może być reprezentowane jako forma losowego spaceru.

Rozważmy, że osoba o imieniu *A* gra z bardzo bogatym hazardzistą o imieniu *B*, zakładając, że prawdopodobieństwo wygranej tylko dla *A* *jest* równe, p jeśli jego majątek jest i i że prawdopodobieństwo przegranej będzie i q jest r prawdopodobieństwem braku zmian w jego majątku.

Obecnie badamy sytuację gry, która kończy się, gdy bogactwo *A* dotrze do znanej ilości m dinarów, a to oznacza i $q = p = 0$ na $r = 1$ państwo m .

Przypadkowy spacer będzie skończonym łańcuchem Markova z przestrzenią państwową

$$\begin{array}{c} \\ 0 \\ 1 \\ 2 \\ 3 \\ \vdots \\ m-1 \\ m \end{array} \begin{array}{c} \begin{array}{ccccccc} 0 & 1 & 2 & 3 & \cdots & m-1 & m \end{array} \\ \begin{bmatrix} 1 & 0 & 0 & 0 & \cdots & 0 & 0 \\ q & r & p & 0 & \cdots & 0 & 0 \\ 0 & q & r & p & \cdots & 0 & 0 \\ 0 & 0 & q & r & \cdots & 0 & 0 \\ \vdots & \vdots & \vdots & \vdots & \ddots & \vdots & \vdots \\ 0 & 0 & 0 & 0 & \cdots & r & p \\ 0 & 0 & 0 & 0 & \cdots & 0 & 1 \end{bmatrix} \end{array}$$

Jeśli łańcuch Markova jest podany ze stanem pochłaniania j , ważne jest, aby znaleźć prawdopodobieństwa pochłaniania każdego stanu i , więc ważne jest, aby znaleźć prawdopodobieństwa pochłaniania dla tego pochłaniającego łańcucha Markova.

Załóżmy, że reprezentuje B_{ij} to chłonne prawdopodobieństwa. W tym przypadku jest B_{ij} prawdopodobieństwo, że bogactwo *A* będzie zawsze zero, jeśli wiemy, że jego początkowe bogactwo było Dinar i .

Wykorzystując zależność (4) w rozdziale 4, możemy otrzymać następujący układ równań liniowych:

$$B_{i0} = p_{i0} + \sum_{k \in T} p_{ik} B_{k0} \quad ; \quad i = 0,1,\dots,m \tag{16}$$

gdzie $T = \{1,2,\dots,m-1\}$ jest zestaw stanów nieustalonych.

Po rozwiązaniu układu równań liniowych w równaniu (16), otrzymujemy prawdopodobieństwo utraty *A*, jeśli wiemy, że jego początkowym bogactwem był Dinar i .

$$B_{ij} = \begin{cases} 1 - \dfrac{1-\left(\frac{q}{p}\right)^i}{1-\left(\frac{q}{p}\right)^m} = \dfrac{\left(\frac{q}{p}\right)^i - \left(\frac{q}{p}\right)^m}{1-\left(\frac{q}{p}\right)^m} & ; \quad p \neq q \\ 1 - \dfrac{i}{m} = \dfrac{m-i}{m} & ; \quad p = q = \dfrac{1}{2} \end{cases} \tag{17}$$

gdzie $i = 0,1,\dots,m$.

Przykład (3)

Ali i Hasan grają w grę w rzucanie monetami zgodnie z poprzednią matrycą przejścia, jeśli początkowe bogactwo Ali wynosi 3 dinary, a początkowe bogactwo Hassana wynosi 2 dinary. Jakie jest prawdopodobieństwo, że bogactwo Ali, który nie ma dinaru przed nim będzie 5 dinarów i że Ali straci swój majątek?

W tym przykładzie zauważamy, że i $i = 3\ m = 5$. Stosując równanie (17), otrzymujemy prawdopodobieństwo, że Ali straci swój majątek w następujący sposób:

$$B_{30} = \begin{cases} \dfrac{\left(q/p\right)^3 - \left(q/p\right)^5}{1 - \left(q/p\right)^5} = \dfrac{q^5 - p^2 q^3}{q^5 - p^5} & ; \quad p \neq q \\ \dfrac{2}{5} & ; \quad p = q = \dfrac{1}{2} \end{cases}$$

6-5 Łańcuchy rozgałęźne

Weź pod uwagę wspólnotę jednostek, które mogą stworzyć nowych członków tego samego typu. Oryginalne jednostki nazywane są pokoleniem zerowym i oznaczane są symbolem X_0 . Dlatego też wszystkie jednostki wynikające z generacji zerowej tworzą pierwsze pokolenie i oznaczone symbolem X_1 , a jednostki pochodzące z numeru generacji n tworzą tzw. numer generacji $(n+1)$.

Załóżmy, że X_n oznacza to liczbę osób w liczbie generacji, gdzie n $n = 0,1,2,\ldots$. Załóżmy, że każda jednostka produkuje Z jednostki w następnym pokoleniu. Następnie reprezentuje Z zmienną losową z funkcją gęstości f. Zakładając, że liczba oddziałów dla każdego z powstałych osobników w danym pokoleniu jest niezależna i wszystkie mają funkcję f gęstości.

W oparciu o te hipotezy, gdzie $\{X_n\}$ tworzy się $n = 0,1,2,\ldots$ łańcuch Markova z przestrzenią stanu, a $S = \{0,1,2,\ldots,m\}$ 0 jest stanem pochłaniania. Dlatego też, jeśli nie będzie jednostek w przyjętym pokoleniu, nie będzie również członków w nowym pokoleniu, to dla każdego z nich $i = 1,2,\ldots,m$:

$$p_{ij} = P(Z_1 + \cdots + Z_i = j)$$

gdzie $Z_1,\ldots,Z_i$ szereg z nich ma funkcję gęstości złącza, a f dokładniej:

$$p_{1j} = f(j) \quad ; \quad j = 0,1,\ldots,m$$

Jeśli dana osoba pojawia się w jakiejś formie $Z = 0$, oznacza to jej śmierć lub nie pojawienie się. Zakłada się zatem, że jednostka daje Z jednostki.

Przypuśćmy, że po pewnej liczbie pokoleń wszystkie jednostki wynikające z jednostki pierwotnej wygasają lub nie pojawiają się, co oznacza, że jednostki wynikające z jednostki pierwotnej stają się nieistniejące.

Istotnym problemem, który pojawia się w łańcuchach rozgałęzionych, jest porównanie wartości prawdopodobieństwa ρ braku lub zanikania generacji łańcucha rozgałęzionego zaczynającego się od pojedynczego osobnika. Albo prawdopodobieństwo, że łańcuch rozgałęziony zaczyna się w stanie 1 i został wchłonięty przez stan 0. Dlatego też prawdopodobieństwo, że łańcuch rozgałęziania się zaczyna się od osobników, i gdzie nie pojawiają się wszystkie osobniki wynikające z pierwotnych osobników, jest równe:

$$\rho^i \tag{18}$$

Dlatego prawdopodobieństwo absorpcji dla ρ łańcucha Markova jest prawdopodobieństwem, że powstałe pokolenia z określonego pokolenia nie pojawią się lub wyginą. To znaczy:

$$\rho = B_{10}$$

Jeśli założymy, że początkowo istnieją osobniki, a i więc liczba gałęzi dla tych wynikowych osobników w różnych pokoleniach, są niezależne od siebie, a zatem prawdopodobieństwo wymarcia tych osobników i nie pojawienia się jest podane przez tę relację:

$$B_{i0} = \rho^i \quad (19)$$

Ponieważ powiedzieliśmy, że każdy osobnik produkuje Z jednostki w nowym pokoleniu i Z jest zmienną losową, która ma funkcję f gęstości, to zauważamy, co następuje:

1) Jeśli następnie dla $f(1) = 1$ powstałego łańcucha rozgałęzionego, każdy jego stan jest stanem pochłaniania.
2) Jeśli wtedy $f(1) < 1$ tylko stan 0 jest stanem pochłaniania.

Z tego wynika, że łańcuch rozgałęzień ma być albo wchłonięty przez stan 0 albo zniknąć w nieskończoność $+\infty$. W związku z tym, wzór (19) otrzymujemy co następuje:

$$P_i\left(\lim_{n\to\infty} X_n = \infty\right) = 1 - \rho^i \ ; \quad i = 1,2,\ldots,m \qquad (20)$$

Konieczne jest zatem obliczenie wartości ρ lub przynajmniej określenie, kiedy $\rho < 1$. Dlatego może on obliczyć ρ wartość za pomocą następującej zależności:

$$\Phi(\rho) = \rho \quad (21)$$

gdzie Φ nazywana jest funkcją generowania prawdopodobieństwa dla funkcji gęstości f. I jest on zdefiniowany w następujący sposób:

$$\Phi(t) = f(0) + \sum_{j=1}^{m} f(j)t^{j} \quad ; \quad 0 \leq t \leq 1$$

Ponadto, aby udowodnić równanie (21), widzimy, co następuje:

$$\begin{aligned}
\rho &= B_{10} \\
&= p_{10} + \sum_{j=1}^{m} p_{1j} B_{j0} \\
&= p_{10} + \sum_{j=1}^{m} p_{1j} \rho^{j} \\
&= f(0) + \sum_{j=1}^{m} f(j) \rho^{j} \\
&= \Phi(\rho)
\end{aligned}$$

Załóżmy, że μ reprezentuje ona oczekiwaną liczbę wynikowych osobników lub średnią arytmetyczną liczbę wynikowych osobników, a następnie obserwujemy, co następuje:

(i) Jeśli $\mu \leq 1$, to równanie (21) nie ma korzeni. Więc używając hipotezy, która mówi wtedy $f(1) < 1$ $\rho = 1$.

(ii)Jeżeli $\mu > 1$, to równanie (21) ma jeden korzeń ρ_0 , to ρ jest

równe ρ_0 lub równe 1. W tym przypadku $\rho = \rho_0$.

Dlatego rozgałęzione łańcuchy są wykorzystywane do znalezienia prawdopodobieństwa, że męska linia dla danej osoby wyginęła lub zniknęła. W tym celu, tylko męskie dzieci będą brane pod uwagę w różnych pokoleniach.

Przykład (4)

Załóżmy, że każda osoba w danej społeczności ma trójkę dzieci i jeśli założymy istnienie samodzielności wśród każdej osoby, to jeśli dana osoba z prawdopodobieństwem pojawi się jako mężczyzna, a $\frac{1}{2}$ z prawdopodobieństwem jako kobieta $\frac{1}{2}$. Przy założeniu, że liczba mężczyzn w n-tym pokoleniu tworzy rozgałęziony łańcuch, należy stwierdzić prawdopodobieństwo, że linia męska dla danej osoby jest wymarła lub nie występuje.

Zauważ, że funkcja gęstości dla liczby dzieci płci męskiej dla tej osoby jest rozkładem dwumianowym o następujących parametrach, a $n = 3$ $p = \frac{1}{2}$ następnie $f(0) = \frac{1}{8}$ $f(1) = \frac{3}{8}$, , , $f(2) = \frac{3}{8}$, $f(3) = \frac{1}{8}$ i że $\mu = np = \frac{3}{2}$, w związku z tym, znajdujemy ρ od korzenia równania

$$\tfrac{1}{8} + \tfrac{3}{8}t + \tfrac{3}{8}t^2 + \tfrac{1}{8}t^3 = t$$

możliwe jest również zapisanie równania w następującej formie:

$$t^3 + 3t^2 - 5t + 1 = 0$$
$$(t-1)(t^2 + 4t - 1) = 0$$

Dlatego równanie to ma trzy korzenie, a mianowicie:

$$t = 1, -\sqrt{5} - 2, \sqrt{5 \text{-} 2}$$

W rezultacie otrzymujemy $\rho = \sqrt{5} \cong 0.24$. Oznacza to, że prawdopodobieństwo wyginięcia lub zaniknięcia męskiej linii dla tej osoby jest równe 0,24.

Przykład (5)

Jeśli okaże się, że funkcja generująca prawdopodobieństwo dla męskiej populacji białych mężczyzn w Stanach Zjednoczonych jest w przybliżeniu równa

$$\Phi(t)=\frac{0.482-0.041t}{1-0.559t}$$

Korzystając z tej zależności $\Phi(\rho)=\rho$, otrzymujemy następujące równanie drugiego rzędu:

$$0.559t^2-1.441t+0.482=0$$

Należy pamiętać, że równanie ma dwa korzenie:

$$t=1\ ,\ \ 0.86$$

Dlatego otrzymujemy $\rho=0.86$, co oznacza, że prawdopodobieństwo wyginięcia męskiej linii dla białych mężczyzn jest równe 0,86.

6-6 Łańcuchy do kolejki

W tym typie sieci przestudiujemy nowy typ sieci Markov, zwany łańcuchami kolejkowymi, a przykładów jest wiele w życiu praktycznym, jak np. ustawianie się w kolejce przed kasą w kinie i ustawianie się w kolejce przed serwisantem w supermarkecie, a także ustawianie się w kolejce przed piecem, aby kupić chleb i inne przykłady.

Dla zilustrowania tego typu sieci Markov przyjmujemy następujący problem, na przykład ustawianie się w kolejce przed serwisantem w supermarkecie. W tym przypadku osoby, które przybywają o różnych porach, są obsługiwane przez serwisanta, ale ci klienci, którzy dotarli do supermarketu i nie zostali obsłużeni, tworzą kolejkę lub tzw. rząd. Przypuśćmy, że jeśli są klienci oczekujący na usługę w określonym czasie, więc tylko jeden klient otrzyma usługę w tym czasie, ale jeśli nie ma klientów oczekujących w tym czasie, to klient nie otrzyma usługi w tym czasie.

Załóżmy, że oznacza to Z_n liczbę nowych klientów przybywających w tym czasie n. Jeśli założymy, że są to $Z_1, Z_2, Z_3, \ldots$ niezależne zmienne losowe, mają tę samą funkcję gęstości f.

Załóżmy również, że oznacza to liczbę X_0 klientów, którzy początkowo uczestniczyli w spotkaniu i dla każdego z nich, $n = 1,2,\ldots$ zakładając, że oznacza to X_n liczbę klientów, którzy uczestniczyli w spotkaniu pod koniec czasu n.

Jeśli wtedy $X_n = 0$ $X_{n+1} = Z_{n+1}$ i tak, jeśli wtedy: $X_n \geq 1$

$$X_{n+1} = X_n + Z_{n-1} - 1$$

Dlatego, ponieważ gdzie $\{X_n\}$tworzy się $n = 0,1,2,\dots$ łańcuch Markova z przestrzenią stanu $S = \{0,1,\dots,m\}$ i z funkcją prawdopodobieństwa przejścia:

$$p_{0j} = f(j)$$

oraz

$$p_{ij} = f(j-i+1) \;\; ; \;\; i = 1,\dots,m \tag{22}$$

Załóżmy, że μ reprezentuje oczekiwane przybycie klientów lub średnią arytmetyczną z liczby klientów przybywających w jednostce czasu.

Powiedzieliśmy, że $Z_1, Z_2, Z_3, \dots$ są to $Z_1, Z_2, Z_3, \dots$ niezależne zmienne losowe z f funkcją gęstości złącza i funkcją generowania prawdopodobieństwa Φ.

Jest on produkowany z wykorzystaniem prawdopodobieństwa absorpcji i z wykorzystaniem następującego faktu:

$$p_{0k} = p_{1k}$$

które dotyczą łańcuchów kolejkowych, które..:

$$B_{00} = B_{10} \tag{23}$$

obserwujemy więc, że spełnia to $\rho = B_{00} = B_{10}$ równanie

$$\Phi(\rho) = \rho$$

i zostawimy dowód tego faktu czytelnikowi.

Stwierdzamy zatem $P(Z_1 = 1) < 1$, że jeśli łańcuch kolejki jest nieredukowalny, to jest on powtarzalny, a $\mu \leq 1$ także jeśli równanie $\Phi(\rho) = \rho$ nie ma korzeni tak $\rho = 1$. Dlatego, $B_{00} = \rho$ a stan 0 jest stanem powtarzającym się, więc skoro łańcuch jest nieredukowalny, to wszystkie stany są powtarzające się.

Ponadto, jeśli wtedy $\mu > 1$ równanie $\Phi(\rho) = \rho$ ma korzenie, to ρ albo jest równe 1, albo jest równe ρ_0 i w związku z tym $B_{00} = \rho < 1$ stan 0 jest stanem przejściowym. Dlatego wszystkie stany w łańcuchu kolejki są przemijające.

Ten typ łańcuchów jest zatem synonimem omawianych wcześniej łańcuchów rozgałęzionych.

Przykład (6)

Znajdź stany pochłaniające, powtarzające się i przejściowe dla każdego z następujących łańcuchów kolejkowych:

(i) $f(1)=1$

(ii) $f(1)>0$ i $f(0)>0$ $f(0)+f(1)=1$

(iii) $f(0)=1$

(iv) $f(0)=0$ oraz $f(1)<1$

Zwróć uwagę na to, co następuje:

(i) Stan 0 jest stanem przemijającym, a wszystkie inne stany są stanami pochłaniającymi, które są powtarzalne.
(ii) Stan 0 i stan 1 są stanami powtarzającymi się, a pozostałe stany są stanami przejściowymi.
(iii) Stan 0 jest stanem pochłaniającym, a wszystkie inne stany są przejściowe.
(iv) Wszystkie stany są przemijające.

Przykład (7)

Rozważcie kolejkę przed oknem z biletami w Cinimie. Jeżeli funkcja generowania prawdopodobieństwa dla liczby klientów w kolejce jest podana za pomocą następującej zależności:

$$\Phi(r) = \frac{0.33 - 0.32r}{1 - 0.99r}$$

Używając relacji $\Phi(r) = r$, rozumiemy to:

$$0.99r^2 - 1.33r + 0.33 = 0$$

Następnie rozwiązując powyższe równanie kwadratowe, otrzymujemy:

$$r = 1\ ,\ \frac{1}{3}$$

To znaczy $\rho \cong 0.33$, że kolejka zniknie z prawdopodobieństwem 0,33.

6-7 Problemy ogólne

Problem (1)

Na podstawie przykładu (2) udowodnić, że prawdopodobieństwo wystąpienia numeru wyjściowego z Systemu 1 w przypadku wprowadzenia numeru do Systemu 1 wynosi

$$P(X_0 = 1 \mid X_n = 1) = \frac{\alpha + \alpha(p - q)^n}{1 + (\alpha - \beta)(p - q)^n}$$

gdzie i $\alpha = P(X_0 = 1)$ $\beta = 1 - \alpha$.

Problem (2)

Załóżmy, że człowiek pali zgodnie z poniższym, jeżeli palił papierosy z filtrem, prawdopodobieństwo palenia papierosów bez filtra w następnym tygodniu wynosi 0,2. Również jeśli palił papierosy bez filtra w ciągu jednego tygodnia, prawdopodobieństwo palenia papierosów bez filtra w następnym tygodniu wynosi 0,7. Jakie są prawdopodobieństwa palenia papierosów bez filtra na dłuższą metę?

Problem (3)

Badacz z psychologii stawia następujące hipotezy na temat zachowania się myszy w warunkach specjalnej diety. W każdej próbie 80% myszy, które w poprzedniej próbie poszły w prawo, w tej próbie również idą w prawo, a 60% myszy, które w poprzedniej próbie poszły w lewo, idą w tym procesie w prawo. Jeśli wiadomo, że 50% myszy poszło w prawo w pierwszej próbie, to czego ten badacz oczekuje:

(i) Druga próba

(ii) Trzecia próba

(iii) Tysiąc prób

Problem (4)

Zbadanie mobilności społecznej danego społeczeństwa poprzez zbadanie, w jakim stopniu wpływ naturalnego upadku ojców i dziadków na dzieci w związku z posiadaniem przez nie dyplomu ukończenia studiów wyższych, jeśli uzyskamy następujące wyniki:

		Status dzieci	
		Posiadanie certyfikatu	Nieposiadanie certyfikatu
Status rodziców	Posiadanie certyfikatu	0.85	0.15
	Nieposiadanie certyfikatu	0.63	0.37

Czego oczekujesz w dłuższej perspektywie?

Problem (5)

Gracz ma 3 dinary. W każdej grze gracz traci jeden dinar z prawdopodobieństwem 0,75 lub zarabia dwa dinary z prawdopodobieństwem 0,25. Gracz przestaje grać, jeśli przegra z nim wszystko lub jeśli wygra co najmniej 3 dinary,

(i) Znalazłeś matrycę prawdopodobieństwa przejścia dla tego łańcucha Markova?

(ii) Jakie jest prawdopodobieństwo, że hazard będzie kontynuowany co najmniej 4 razy?

Problem (6)

Weź pod uwagę linię prostą oznaczoną pozycjami 0, 1, 2, 3 i ułożoną od lewej do prawej. Mężczyzna wykonuje losowy spacer pomiędzy tymi czterema pozycjami, rzucając nieregularną monetę z prawdopodobieństwem pojawienia $1/3$ się głowy, tak że pracuje według następujących zasad:

Jeżeli pojawi się Głowa, przesuwa się ona o jedną pozycję w prawo, jeżeli znajduje się na pozycjach 0, 1, 2 i pozostaje na pozycji 3, jeżeli znajduje się na pozycji 3. Ponadto, jeśli pojawi się Ogon, przesunie się on o jedną pozycję w lewo, jeśli jest na pozycjach 1, 2, 3 i pozostanie na pozycji 0, jeśli jest na pozycji 0. Znajdź następujące informacje:

(i) Matryca prawdopodobieństwa przejścia dla tego łańcucha?

(ii)stacjonarnej dystrybucji dla tego łańcucha? Czego oczekujesz?

Problem (7)

Udowodnij to:

$$\frac{\left(\frac{p}{q}\right)^i}{\sum_{j=0}^{m}\left(\frac{p}{q}\right)^j} = \begin{cases} \left(\frac{p}{q}\right)^i \dfrac{1-\left(\frac{p}{q}\right)}{1-\left(\frac{p}{q}\right)^{m+1}} & ; \quad p \neq q \\ \dfrac{1}{m+1} & ; \quad p = q = \dfrac{1}{2} \end{cases}$$

Problem (8)

Przypuśćmy, że gdzie $\{X_n\}$ jest $n = 0,1,\ldots$ nieredukowalny i dodatni nawracający łańcuch narodzin i śmierci, i załóżmy, że ma X_0 stacjonarny rozkład $\vec{\pi}$, udowodnił to:

$$P(X_0 = j \mid X_1 = i) = p_{ij} \quad ; \quad i, j \in S$$

Wskazówka: Zastosuj definicję C_i podaną w równaniu (12).

Problem (9)

Weźmy pod uwagę łańcuch Markova z przestrzenią S państwową. Która ma funkcję prawdopodobieństwa przejściowego podaną jako P i $p_{ii+1} = p$ taką $p_{i0} = 1 - p$ $0 < p < 1$. Udowodnij, że łańcuch ten ma unikalny stacjonarny rozkład $\vec{\pi}$, a następnie znajdź $\vec{\pi}$.

Problem (10)

(i) Udowodnić, że jeśli wtedy $f(1)=1$ każdy stan w łańcuchu rozgałęzionym jest stanem pochłaniania.

(ii) Udowodnić, że jeśli wtedy $f(1)<1$ tylko stan 0 jest stanem pochłaniającym, podczas gdy inne stany w łańcuchu są przejściowe.

Problem (11)

Rozważmy rozgałęzienie łańcucha z $f(0)=f(3)=\frac{1}{2}$. Znajdź prawdopodobieństwo wyginięcia ρ .

Problem (12)

Weźmy pod uwagę łańcuch rozgałęziony z następującą funkcją przejścia:

$$f(i)=p(1-p)^{i} \;\; ; \;\; i=0,1,\ldots,m$$

gdzie $0<p<1$. Udowodnij to:

(i) $\rho=1$ jeżeli $p\geq \frac{1}{2}$.

(ii) $\rho = \frac{p}{1-p}$ jeżeli $p < \frac{1}{2}$.

Problem (13)

W określonej populacji ptaków stwierdzono, że funkcja generująca prawdopodobieństwo dla samców u sokołów jest w przybliżeniu równa:

$$\Phi(t) = \frac{0.481 - 0.039t}{1 - 0.798t}$$

Znalazłeś prawdopodobieństwo wyginięcia linii męskiej ρ u tego typu ptaków?

Problem (14)

Rozważmy pewien rozgałęziony łańcuch.

(i) Udowodnij, że jeśli lub $f(0) = 0$ później, $f(0) + f(1) = 1$ łańcuch jest redukowalny.

(ii) Udowodnij, że jeśli i $f(0)>0$ wtedy $f(0)+f(1)<1$ łańcuch jest nieredukowalny.

Wskazówka: Najpierw udowodnij, że $B_{ij}>0$ dla każdego gdzie $i>j$ $j=0,1,\ldots,m$, a następnie znajdź, że jeśli i $i_0=2,\ldots,m$ $B_{0,i_0+n(i_0-1)}>0$ dla każdego $n=0,1,\ldots$.

Dodatek:

Podstawowe pojęcia w Algebrze Matrycowej

Załóżmy, że $A=[a_{ij}]$ dla każdego z nich $i,j=1,2,\cdots,n$ jest kwadratowa matryca. Jeśli każdy a_{ij} jest nieujemny, piszemy i $A\geq 0$ nazywamy go nieujemną *matrycą*. Jeśli wszystkie są a_{ij} pozytywne, to piszemy i $A>0$ nazywamy je *pozytywną matrycą*. Używamy tej samej notacji i terminologii również dla wektorów.

Definicja (1)

Niech A będzie nieujemna kwadratowa matryca. Wtedy mówi się, A że jest *regularny, jeśli* i tylko wtedy, gdy istnieje naturalny numer, taki jak k $A^k>0$. (c.f. Iosifescu (1980), str. 51).

Twierdzenia Perrona-Frobeniusa dla nieujemnych matek kwadratowych

Twierdzenie (1)

Niech A będzie zwykłą matrycą. Następnie istnieje prosta rzeczywista wartość własna z $\rho_1 > 0$ algebraiczną wielokrotnością równą 1, która ρ_1 przekracza wartości bezwzględne wszystkich innych wartości własnych A. Dlatego można ją znaleźć dla ρ_1 lewego i prawego wektora własnego, $\vec{b}$ $\vec{c}$ które są unikalne aż do stałych mnożników, tak że $\vec{b}'\vec{c} = 1$. Wówczas wartość własna ρ_1 jest jedyną wartością własną A, z którą można powiązać dodatnie wektory własne.

Twierdzenie (2)

Dla regularnej macierzy A kolejności r, następujące wyraźne wartości własne, jeśli $\rho_1, \rho_2, \dots, \rho_q; q \leq r$ $\rho_1 > |\rho_2| \geq \cdots \geq |\rho_q|$ są one do niej przypisane. Jeśli $|\rho_2| = |\rho_3|$, i jeśli uważamy, że algebraiczna mnogość dla m_2 ρ_2 są co najmniej podobne do tych dla ρ_3, a wszystkie inne wartości własne mają taką samą wartość bezwzględną jak ρ_2 .

Jeśli wiemy, że eigenwektory i $\vec{b}$ są $\vec{c}$ lewe i prawe eigenwektory związane z eigenwektorami, ρ_1 odpowiednio takie, które następnie $\vec{b}'\vec{c} = 1$:

$$A^n = \rho_1^n \vec{c}\vec{b}' + O\left(n^{m_2 - 1} |\rho_2|^n\right)$$

Definicja (2)

Kwadratowa matryca A nazywana jest matrycą redukcyjną, jeśli i tylko wtedy, gdy zastosujemy te same permutacje na wierszach i kolumnach, wówczas otrzymamy nową matrycę o następującej formie:

$$A = \begin{pmatrix} A_{11} & O \\ A_{21} & A_{22} \end{pmatrix}$$

gdzie i A_{11} są A_{22} kwadratowe macierze i reprezentuje O pod-matrycę, gdzie wszystkie elementy są równe zeru.

Matryca jest A nazywana matrycą nieredukowalną, jeżeli warunki matrycy redukowalnej nie mają zastosowania w dniu A.

Twierdzenie (3)

Kwadratowa matryca $A=[a_{ij}]$ nazywana jest nieredukowalną matrycą, jeśli i tylko wtedy, gdy dla każdej pary par, gdzie i, j $1 \leq i, j \leq m$, to albo istnieje takie, $a_{ij} \neq 0$ $i_0 = i, j_0, j_1, \ldots, j_n$; $n \geq 1$ albo istnieje:

$$a_{i_0 j_0}, a_{j_0 j_1}, \ldots, a_{j_{n-1} j_n} \neq 0$$

Definicja (3)

Nieodwracalna kwadratowa matryca A nazywana jest okresową matrycą okresu wtedy $d > 1$ i tylko wtedy, gdy zastosujemy te same permutacje na jej wierszach i kolumnach, wtedy otrzymamy matrycę w formie:

$$A = \begin{pmatrix} 0 & A_1 & 0 & \cdots & 0 \\ 0 & 0 & A_2 & \cdots & 0 \\ \cdot & \cdot & \cdot & \cdots & \cdot \\ 0 & 0 & 0 & \cdots & A_{d-1} \\ A_d & 0 & 0 & \cdots & 0 \end{pmatrix}$$

gdzie wszystkie pod-matryce, które znajdują się na głównej przekątnej są matrycami porządku, $m_1 \times m_1, \ldots, m_d \times m_d$ jak również są

$A_1, A_2, \ldots, A_d$ matrycami porządku $m_1 \times m_2, m_1 \times m_2, m_2 \times m_3, \ldots, m_{d-1} \times m_d$.

Matryca jest A nazywana matrycą aperiodyczną z pojedynczym okresem (tj. $d = 1$), jeżeli i tylko wtedy, gdy warunki matrycy okresowej nie mają do niej zastosowania, jak określono w definicji (3).

Z tego powodu jest dla nas jasne, że zwykła matryca jest nieredukowalna, a zatem moc matrycy redukowalnej będzie miała formę k :

$$A^k = \begin{pmatrix} A_{11}^k & 0 \\ B_k & A_{22}^k \end{pmatrix}$$

Gdzie i $k = 1,2,\ldots$ matryca B_k jest matrycą zależną od A_{11} , A_{21} a A_{22} zatem nie ma takiej $k = 1,2,\ldots$, która $A^k > 0$.

Twierdzenie (4)

Jeśli matryca A jest nieujemna, to jest A nieredukowalna i okresowa z jednym okresem, $d = 1$ jeśli i tylko jeśli A jest regularna.

Jeśli A jest nieredukowalny i okresowy, to A dla każdej mocy ma tylko jedną niezerową matrycę w każdym rzędzie (por. Perła (1973), s. 303), stąd nie może być dodatni.

I odwrotnie, jeśli A jest nieredukowalny i aperiodyczny z jednym okresem, to A jest regularny (por. twierdzenie 3.4.7, Pearl (1973), str. 305).

Twierdzenie (5)

Jeśli jest A to matryca kwadratowa taka, że ($A^n \to 0$ matryca zerowa), gdy n przechodzi w nieskończoność $n \to \infty$, to $[I - A]^{-1}$ istnieje odwrotność i jest ona określona przez następującą zależność:

$$[I - A]^{-1} = \sum_{n \geq 0} A^n$$

Definicja (5)

Załóżmy, że jest to Q nieujemna kwadratowa matryca z kolejnością i $m \times m$ takimi q_{ij} elementami:

(i) $0 < \sum_{j=1}^{m} q_{ij} < 1$ dla wszystkich $i = 1,2,\ldots,m$, i

(ii) Istnieją takie, że $i_0 \sum_{j=1}^{m} q_{i_0 j} < 1$

to się Q nazywa stochastyczna pod-matryca.

Twierdzenie (6)

Załóżmy, że $Q=[q_{ij}]$ dla każdego z nich $i, j = 1,2,\cdots,m$ jest stochastyczna sub-matryca. Jeśli wartość jest ρ wartością własną dla tej macierzy, wówczas $|\rho|<1$.

Dowód:

Przypuśćmy, że jest ρ to wartość własna dla macierzy, Q jak również jest $\vec{x}$ to lewy wektor w odniesieniu do ρ , następnie:

$$\rho x_j = \sum_{i=1}^{m} x_i q_{ij} \quad ; \quad 1 \leq j \leq m$$

od tego dostajemy

$$\sum_{i=1}^{m} \left| \rho x_j \right| = \sum_{j=1}^{m} \left| \sum_{i=1}^{m} x_i q_{ij} \right| \leq \sum_{i=1}^{m} |x_i| \sum_{j=1}^{m} q_{ij} < \sum_{i=1}^{m} |x_i|$$

a ponieważ jest Q to stochastyczna pod-matryca, to..:

$$|\rho| \sum_{j=1}^{m} |x_j| < \sum_{i=1}^{m} |x_i|$$

Obejmuje to również to, co $|\rho| < 1$ musi zostać udowodnione.

Referencje

Al-Eideh, B. M. (2018). *Przegląd problemów związanych z wnioskami statystycznymi dotyczącymi procesów Markova.* LAMBERT Academic Publishing, OmniScriptum Publishing Group.

Capar, U. i Al-Eideh, B. M. (1989), Quasi Stationary Distribution of Markov Chains with more than one Absorbing state, *Bull. Nat. Sci. Eng.* 18, 21-27.

Chung, K. L. (1974), *A Course in Probability Theory,* Academic Press Inc.

Darroch, J. N. i Seneta (1965). Na Quasi-Stationary Distribution in Absorbing Time Markov Chains. *J. App. Prob.,* Vol. 2. str. 88-100.

Emmanuel Parzen (1962). *Stochastic Processes*, Holden-day, Inc., San Francisco.

Emmanuel Parzen (1960). *Nowoczesna teoria prawdopodobieństwa i jej zastosowania*. John Wiley & Sons, Inc.

Hoel, P. G. Port, S. C. and Stone, C. J. (1972), *Introduction to Stochastic Processes,* Houghton Mifflin Company, U.S.A.

Iosifescu, M. (I980), *Finite Markov Processes and Their Applications,* John Wiley and Sons.

Karlin, S. i Taylor, H. M. (1975). *Pierwszy kurs. Stoohasitc Processes,* Prasa Akademicka. N. Y.

Karlin, S. i Taylor, H. M. (1981). *Drugi kurs. Stoohasitc Processes,* Prasa Akademicka. N. Y.

Kemeny, J. G. i Snell, J. L. (1960). *Skończone łańcuchy Markova.* Van Nostrand, Princeton, N. J.

Lancaster, P. i Tiarnenetsky, M. (1985). *Theory of Matrices,* Second Ed., Academic Press, N. Y.

Pearl, M. (1973). *Matrix Theory And Finite Mathematics,* McGraw-Hill, Inc.

Seymour Lipschutz (1974). *Schaum's Outline of Theory and Problems of Probability*, McGraw-Hill.

Printed by Books on Demand GmbH, Norderstedt / Germany